湛庐 CHEERS

与最聪明的人共同进化

HERE COMES EVERYBODY

KEN ROBINSON
肯·罗宾逊
全球知名教育家
排名第一的 TED 演讲人

KEN ROBINSON

“全球最具影响力50大商业思想家”之一

由于在教育、艺术和文化交流方面的突出成就，罗宾逊获得了雅典娜奖、皮博迪奖、乐高奖、本杰明·富兰克林奖等众多奖项。

2003年，他因在艺术服务方面的杰出贡献而被英国女王伊丽莎白二世封为爵士。2005年，他被《时代周刊》、《财富》和CNN评为“主流之声”（Principal Voices）。

罗宾逊认为，教育必须服务于3个目标：第一，教育应该向多样化方向发展；第二，教育应该通过创造性教学培养学生的好奇心；第三，教育应该致力于唤醒学生的创造力。2011年，由于在教育和创造力培养方面的先进理念与独到见解，罗宾逊入选“全球最具影响力50大商业思想家”排行榜。

Finding Your Element

发现天赋的
15个训练方法

[英] 肯 · 罗宾逊（Ken Robinson）
[美] 卢 · 阿罗尼卡（Lou Aronica） ◎著
李慧中 ◎译

浙江人民出版社
ZHEJIANG PEOPLE'S PUBLISHING HOUSE

FINDING
YOUR
ELEMENT

目录

Finding Your Element
发现天赋的15个训练方法

FINDING
YOUR
ELEMENT
前言

从“思考人生”走向“创造人生”

本书将带你进行一次寻找天赋之旅。

几年前，我在俄克拉荷马州听过一个古老的故事。两条小鱼顺流而下，途中遇到了一条逆流而上的大鱼。大鱼说：“早啊，孩子们。今天的水怎么样？”两条小鱼礼貌地冲它一笑，继续向前游。过了一会儿，其中一条小鱼问同伴：“什么是水呀？”那条小鱼已经视水为无物，浑然不觉自己就在其中。

天赋就是这般让你浑然不觉，让你在做某件事情时能产生强烈的共鸣，促使你发自内心地做自己。

你呢？你觉得自己有天赋吗？自己的天赋是什么？如何去找到它呢？世界上有许多人已经发现了自己的天赋，做着自己生来就应该做的事情，他们是幸福的。然而，更多的人还没有找到这种感觉，他们活得并不快乐，生活对他们来说只是熬日子。

从《让天赋自由》说起

我的《让天赋自由》[①]（*The Element: How Finding Your Passion Changes Everything*）一书于2009年出版，这本书主要谈论上述两种生活方式之间的差异和各自产生的不同结果。**天赋是天资与个人兴趣或热情的结合。**想想你会主动去做的某些事情，比如弹吉他、打篮球、烹饪、教书等。我曾与一位年过六旬的妇人聊天时得知，她做了一辈子的会计。读小学时，她就对数学着了迷，所以她成功地找到了天赋。由此看来，**发现天赋之旅的第一步，就是要认清并了解自己的天资。**

顺应天赋绝不意味着仅仅做自己擅长做的事情。很多人其实更擅长做自己并不怎么喜欢做的事情。要做到顺应天赋，我们还必须热爱它。比如上文提到的那位令人尊敬的会计就是如此：她不但擅长与数字打交道，而且热爱它，这就是她愿意为之献身的事业。中国的大思想家、哲学家孔子曾曰："知之者不如好之者，好之者不如乐之者。"虽然孔子肯定没有读过我的这本《让天赋自由》，但我们的想法却如此相似。

《让天赋自由》这本书鼓励人们从不同的角度去思考自己和生活。这本书获得了世界各地不同年龄段读者的热烈反响。在我接受访谈和进行签售时，常听读者说起他们正在寻找新的方向，所以才买了这本书。而有一些读者则表示，他们是为自己的孩子买的，或者是为爱人、朋友和父母买的。我总是会问他们：你们在做什么？是否喜欢现在做的工作？有一些人，无论他们做的是什么，都会毫不犹豫地回答"是的，我非常喜欢"，而且脸上洋溢着无比灿烂的笑容。我明白，这些人已经找到了自己的天赋。但是，有一些人则会含糊其词地说，"我觉得目前看来还不赖……我得以此为生"，他们还要继续探寻。

---

① 本书中文简体字版已由湛庐文化策划，浙江人民出版社出版。——编者注

寻找自己的天赋为什么如此重要？首先是个体原因：因为我们要以此了解自己，了解自己的天资，以及可以为之奉献出一生的事业。第二个原因是社会原因：我们必须去发掘自己被深埋的天赋，喜欢上自己的工作、生活，让自己更快乐、更幸福。第三个原因是经济原因：天赋有可能让你从经济上受益，当然，你也可以拒绝通过自己的天赋来赚钱。**寻找天赋的根本在于更好地平衡你的生活。**

在如今的社会中，你可以有各种各样的工作选择，甚至可能在职业生涯中从事各种不同的工作。你选择的起点并不一定是你的终点。**了解自己的天赋将会给你带来更好的发展方向，而不是简单地从上一份工作跳槽到下一份工作。**无论你处于什么样的年龄段，这都将是实现自我的最佳职业路径。

如果你现在还没有工作，那正是你思索和寻找新方向的最佳时机，如果你了解自己的天赋，就更有可能找到以此为生的方法。如果你现在正处于职业生涯的中期，那么你就要做好应对剧烈变化的准备，去寻求一种真正与自我天赋相匹配的职业。如果你已经退休，何不趁这样的时间好好思考这些问题？这正是重新发掘自己内心的热情，再一次华丽转身的绝佳时机。而从企业层面来说，当经济形势不好时，比起那些员工大多冷漠、愤世嫉俗和呆板的企业与组织来说，那些员工能够全身心投入的企业和组织会更容易成功。

虽然《让天赋自由》这本书力图启发和激励读者，但它并不是一本实用手册。自从这本书出版以来，人们总是会问我很多问题，主要集中在以下几个方面。

- 如果我没有什么天资，怎么办？
- 如果我没有真正热爱的东西，怎么办？
- 如果我热衷于那些自己毫不擅长的事情，怎么办？
- 如果我擅长做那些自己毫不喜欢的事情，怎么办？

- 如果我无法以天赋谋生，怎么办?
- 如果我有很多其他的责任和事情要承担，怎么办?
- 我会不会太年轻或太老了?
- 每个人是不是只有一种天赋?
- 天赋是一生只有一种，还是会随着年龄的增长而发生改变?
- 我怎么才能知道自己已经找到天赋了呢?
- 我该怎么帮助我的孩子找到他的天赋?

这些问题都是有答案的。随着《让天赋自由》一书越来越受欢迎，我知道自己必须回答这些问题，《发现天赋的15个训练方法》正是我努力回答这些问题的呕心力作。因此，无论你做什么，不管你在哪里，也不管你有多大年纪，如果你正在寻找自己的天赋，那么这本书就是为你而作的。你可能正处于以下某种状态中：

- 由于不知道自己真正的天资和热情而茫然;
- 正在思考应该在学校里选择哪些课程;
- 正在决定是读大学，还是做点儿别的什么;
- 做着一份自己不怎么喜欢的工作，正思索着如何改变;
- 正值中晚年，感觉需要一个新的方向;
- 没有工作，正在努力思考要做什么。

如果你恰巧认识一些正在寻找天赋的人们，那么这本书将会是一份好礼物。

六大版块，助你发现天赋

《发现天赋的15个训练方法》是对《让天赋自由》一书的有力补充，我称之为“续集”。本书以《让天赋自由》的核心观点为基础，为人们提供了一些建议、技巧和资源，以便将这些观点应用于现实生活中。本书由9章内容和结语组成：第1章描述了寻找天赋的步骤、基本原则及其重要性；第2章讲述的是如何分辨自己的天资；第3章是帮助你审视自己，是否充分挖掘了自己的天资以及如何去做；第4章是告诉你如何激发热情，以及它在寻找天赋中的意义；第5章探寻的是幸福的意义，以及在寻找天赋的过程中如何提升我们的幸福感；第6章关注的是你的态度，因为它会支持并推动你进步；第7章将帮助你估量自己的处境，并创造改变的机会；第8章是关于寻找属于自己的“部落”，如何与“部落”成员互动；第9章将帮助你制订一个行动计划，并提出了几个关键的步骤；结语将总结本书的主旨：为什么寻找天赋这么重要。

本书有6大内容版块贯穿始终，都旨在帮助你思考和寻找自己的天赋。

理念与原则

每一章都详述了这样的理念和原则：要明白自己天赋的真正意义，以及它对你生活的影响。这本书延续了《让天赋自由》里的观点，也进一步介绍了很多新概念，它们对你寻找天赋，了解自己是否已经找到天赋至关重要。

故事与案例

书中有很多各行各业人士的故事，它们多来自《让天赋自由》一书的读者，主要讲述人们如何找到了自己的天赋，探寻的过程以及在探寻过程中面临的困境。这些故事可以启发你去寻找属于自己的道路，并告诉你：大多数人在寻找天赋的过程中都会遇到困难和挫折，这是人生中不可避免的一部分。

发现天赋训练营

书中有很多可以帮助你寻找天赋的训练方法。你会发现一些方法很难，但它们也很有趣、很有启发性。当然，你也可以蜻蜓点水一样一瞥而过，假装自己已经做到了。一切就看你自己了。不过，如果你真心想要找到属于自己的天赋，那么我建议你全部都要试一试。**这些训练方法不是为了让你检查自己的错误或失败，也不是助你成功的魔法公式，而是用来帮助你深刻自省，审视周围环境，发掘自己的天资、热情、态度和潜力的。**

其中一些方法需要道具。如果有条件的话，请准备几张纸、彩笔、彩色便利贴、杂志、胶带和其他你能想到的东西。你在阅读本书的过程中，请准备好日记本和剪贴簿，并尽可能多地在上面记录和标注你的想法，甚至可以涂鸦，尽量让这些标记多元化。每个人的思维方式都是各不相同的，所以在训练方法上要有灵活性和创造性，关键是用自己最擅长也最适合自己的方式。无论用什么方式，都要尽可能专注，避免训练过程中的干扰。每次练习时，要保证有半个小时左右的闲暇时间。

不要被"巴纳姆效应"误导

书中我还给大家提供了一些可用的参考资料，例如天资或性格测试、一些可登录做测试或参阅的网站等，它们可以让你以更加丰富的方式去了解自己。

我要谨慎地再提醒几句。人们可能会相信那些性格测试或星座描述，并认为"这就是在说我"，但我想提醒读者不要完全相信这些描述，只有探寻天赋才能让你真正了解自己。我这样说是有理论依据的。

1948 年，美国心理学家伯特伦·福勒（Bertram Forer）发表了他的研究成果，“主观验证”（subjective validation）。福勒在他的学生中进行了分组人格测试。他没有对学生们的测试结果进行个体分析和单独评价，而是给他们所有人都反馈了同样的评价：他从报纸的星座专栏上摘下来的一段内容。福勒告诉同学们，这是根据他们每个人的测试结果精心得出的个性化反馈。结果，这些个性描述似乎适合于每个人。这种现象被称为“巴纳姆效应”（Barnum statements），以著名马戏团经纪人费尼尔斯·巴纳姆（P.T.Barnum）命名，因为他有一句名言：“我就是在说你。”福勒用的那段话如下：

> 你非常期待他人喜欢和尊重你。你常常自我反思。你还有很大的潜力可挖掘。你有一些性格上的弱点，但是你懂得如何以长补短。你看起来安静自律，但内心却充满了焦虑和不安全感。有时，你会怀疑自己是否做了正确的选择，做的事情是否正确。你喜欢事情变化多样，一旦被条条框框所限制，你就会感到失望。你相信自己是一个独立的思考者，且引以为傲，你绝不会认同那些没有得到充分验证的观点。你觉得在他人面前不加掩饰是一件很愚蠢的事情。你有时外向、亲和并善于社交，有时又内向、警惕、喜欢独处。你的某些理想显得不太现实。安全感是你生活的主要追求。

这些学生需要在 0～5 中选择一个数字，用来表示这些描述与自己的符合程度：0 表示一点儿也不符合，5 表示完全符合。最后，所有学生给出的分数平均为 4.26 分。此后，研究人员针对不同人群多次重复这一测试，发现所有测试的平均分都在 4.2 分左右。对此现象的一种解释是，当人们进行此类测试时，他们内心希望这些描述都是真实的，因而也倾向于认为这些描述都与自己相符。

对于这种解释，我们可以找到很多例证，而且也不是近期才有的一种现象。在1879年出版的杰罗姆·K.杰罗姆的经典喜剧小说《三人同舟》(*Three Men in a Boat*)开篇处，忧郁的主人公担心自己生病了，他拿起一本医学词典想查看自己到底得了什么病:

> 我闲来无事，就想翻书研究一下各种疾病。第一眼就看到了瘟疫的介绍，我知道它一定是一场极其恐怖的毁灭性灾难，当我看“疾病先兆”一节看到一半时,就确信自己已经无药可救了。我坐了下来，被恐惧包围。然后，我无比绝望地继续翻书，看到了“伤寒症”，看完它的症状之后，我发现自己早在几个月前就已经感染了伤寒，而且毫不自知。为了看看还有什么病，我继续往下看。“舞蹈病”我也有，我就知道！我开始对自己这个特殊案例充满了兴趣，我干脆从头到尾看了一遍，并且按照字母顺序，从头到尾跟自己的情况进行对比……最后，我发现我唯一没有得的就是髌前滑囊炎……最后一种是“发酵病”，我的诊断之路也终于结束了。

荒诞显而易见。

书中的问题、训练方法和技巧都是鼓励你去发现自己的天资、兴趣、感受和态度。在阅读的过程中，你要尽量忠实于现实，不要被“巴纳姆效应”和理想化思维误导。**本书不能包治百病，并且对每个人的针对性也有所不同。没有所谓的通用测试，也没有测试或训练方法能完全囊括你所有的能力和特质，它们都只是用来激发你的想象力、自知力和可能性。**你可以尝试不同的方法，看哪种最能描绘出真实的你。

左思右想

本书每章末尾都会有几个问题，答案没有对错，只是给你一个用于自省的框架，有一些问题可能会很有趣或者很适合你。通过这些问题，你会养成从不同角度思考问题的习惯。我建议大家不要急于求成，一开始就去尝试回答所有问题：当你碰到这些问题时，别着急，慢慢思考，循序渐进。请牢记：**不要把读完本书作为一项任务，要知道，你是在寻找一种值得我们毕生追求的东西。**

富有个性的测试

发现天赋之旅是一种个性化的追寻过程，是一种探索。天赋追寻之旅是双向的：**它向内挖掘自我的灵魂，向外寻找外部世界蕴藏的机会。**本书将会成为你这段旅程的好伙伴。能否找到属于自己的天赋，取决于你的决心和毅力，更取决于你对成功的渴望程度。如果你已经准备好了，我相信你一定会收获不菲，备受启发。

我无法保证你在合上这本书的那一刻就能找到自己的天赋，因为每个人的起点不同，探寻天赋的路径也各异。任何探索的旅途都不能保证我们能够找到自己寻找的东西。这本书不是告诉你要走哪一条路或者去往某个目的地，而是为你提供一个路标，提供一些基本原则和工具，帮助你走出自己的道路。

寻找自己的天赋并不意味着弃他人于不顾，也不是对现状的全盘否定，而是深入剖析自己，试试自己能否更加努力地去发掘自己的天资和内心的热情，找出症结所在，并力图解决。

有些人活着，没有任何冒险和抱负，而有些人活着，为的就是一场场探险。约瑟夫·坎贝尔（Joseph Campbell）①曾对历史上的英雄神话、世界各地的文化传

① 美国比较神话学大师，其系列著作《英雄之旅》《千面英雄》《追随直觉之路》《指引生命的神话》《神话的力量》《坎贝尔生活美学》中文简体字版已由湛庐文化策划，浙江人民出版社出版。——编者注

说进行了研究。对于所谓的“英雄之旅”，坎贝尔认为：所有的英雄都面临着相似的挑战。所以，你的探寻之路也自会有它的挑战和收获。

虽然每个人的人生无可替代，但我们可以通过参考前人的经验来继续前行。最后，我想说，只有你知道自己是否已经到达了最高境界，找到了属于自己的天赋。无论如何，你都应该笃信：天赋是值得追寻的！

扫码下载“湛庐阅读”App，
搜索“发现天赋的15个训练方法”，
听高管教练对“天赋”的精彩解读

每个人的天赋都各不相同，发现天赋的过程也千差万别。不过，发现天赋并非无章可循。只要严格掌握3个步骤并牢牢记住3大原则，我们就能逐渐认清自己的人生方向，发现自己的天赋。

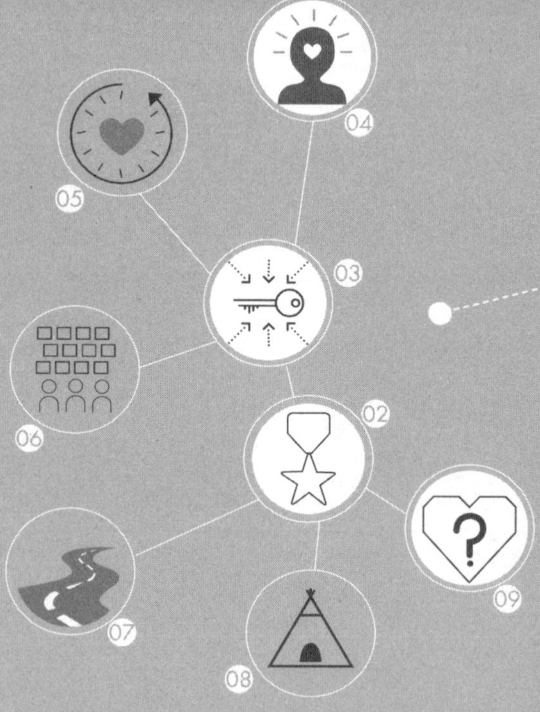

FINDING YOUR ELEMENT

01

发现天赋

How to Discover Your Talents and Passions and Transform Your Life

人的天赋各有不同。发现天赋的过程不仅因人而异，而且经常出人意料。由于每个人自身因素的不同和所处环境的千差万别，所以我们发现天赋的起点是不一样的。即便如此，还是有一些普适的原则、技巧和策略可以指导人们的天赋探寻之旅。本章就是要告诉大家这些原则及其重要性，同时还会介绍一些技巧和训练方法，以帮助你理解自己目前的处境，更好地认清前进的道路。

我的天赋是如何被发现的

下面我以自身的经历为例，来说明发现天赋的过程有多么神奇。我常常会被人问及我的天赋是什么、我是何时发现自己的天赋的。我的故事听起来荒诞不经，但它可以很好地说明这些普适的原则。

我几乎对所有事情都相当有天资，只是我对绝大多数天资都没有持之以恒。十几岁时，我似乎能感觉到，一位世界级的音乐天才就潜伏在我身体里。但是，当我发现那些真正的钢琴家都用双手弹奏时，我便默默放弃了，要知道，我只喜欢用几根手指头乱弹。另外，我还可以轻松地用吉他即兴弹奏，并且很快就掌握了齐柏林飞船乐队（Led Zeppelin）那首经典曲目《全部的爱》（*Whole Lotta Love*）的前奏。当我把整首曲子听完后，我决定还是把吉他演奏事业留给吉米·佩奇（Jimmy Page）。况且，弹吉他很伤手指呀！

在更小的时候，我喜欢画画，但在学校里为了集中精力学习其他东西，我不得不中断了对艺术的追求。在从一个少年成长为青年的岁月里，我喜欢摆弄和修理各种东西，经常在五金商店里研究各式各样的刳刨机和钻头。后来，我又喜欢上了烹饪，在我的孩子们很小时，我的糕点手艺不错，名气不大但实至名归，至少在我的孩子眼里是这样。

总而言之，从协奏曲到烹饪，我有过很多人生选择。当然，拥有多种特长比专精一项更容易让人无所适从，后来，我认识到了这一点。我年幼时根本不知道自己的天赋是什么，也不知道天赋是否曾经降临于我身上。

现在，我知道我的天赋就是与人进行交流和合作。我花了很多时间在各地旅行、与不同的人交流，通过不同媒介与更多的人建立联系。小时候，我从来没有想过自己的天赋居然会是这样的，也没有料到我会认识这些人。

我 1950 年出生于英国利物浦，自小在一个温暖欢乐的大家庭里长大。我总是独自玩耍，这主要缘于当时的环境：20 世纪 50 年代早期的欧洲和美国，小儿麻痹症正肆虐蔓延，所有父母都担心自己的孩子会感染上这种瘟疫。我 4 岁时得了这种病。一夜之间，我从一个健康活泼的小孩几乎变成了瘫痪儿，接下来的 8 个月我都是在医院的隔离病房里度过的。出院时，我的双腿依然装有支架，只能坐在轮椅上，而且必须靠双拐才能行走。

那时的我真是个无比可爱的小孩。5岁时，虽然带着矫形器，却难掩我的小卷发和灿烂微笑所散发出的迷人气息。然而，那时的我口齿不清，早餐想要"一杯咖灰（啡）和一片烤咩（面）包"的时候，都没人理会我。因为口齿不清，3岁以后，每周我都会被送到一位语言老师那里进行矫正训练。据说，我就是在那位老师家里感染小儿麻痹症的，因为亲朋好友中没有一个人得过这种病。

我小时候非常安静，是个天生的观察者和聆听者，我非常喜欢就那么安静地坐着，关注那些不起眼的事物。我还喜欢做一些手工艺品和解决一些实际问题。我当时最喜欢上木工课。在家时，我会花几个小时组装轮船、飞机和历史人物的模型，然后给它们上漆。我甚至可以整个下午都在后院里，用地上的任何东西发明一些幻想游戏。这一切的一切都无法与我现在的状况联系起来，而我现在是一位在全球范围内被公众关注的演讲者。就像天下所有的故事一样，我毫不自知的才华首先被别人发现了。

13岁时，我的表姐布伦达结婚了，两个哥哥与表哥一起准备了一个搞笑节目，他们扮成女人，演唱热门歌曲，这个组合还起了名字叫"苏打水"。他们需要一个人报幕，哥哥就推荐了我。我很意外，其他人也是如此。但是最后，我做到了，尽管内心慌乱无比。

我惊呆了，因为从来没有做过这样的事情，但我的家人们竟是如此欢乐！他们完全不介意"主持人"身上装有支架、说话结结巴巴，着实沉浸在狂喜之中。我想，人必须面对并打破自己的恐惧，而非回避，否则它会一直困扰着我们。

那真是一个奇妙的夜晚，我的角色居然受到了好评。这个临时组合引起了一阵轰动，还受邀去全英各地的俱乐部和剧场演出。只是担心怕惹怒了不喜欢酸味的人们，我的两个哥哥把队名改成了"苏打姐妹"。在接下来的几年里，他们开始做全英巡回表演，并参加了一些顶级比赛。也就是在那个时候，我开始意识到：我也可以面对公众。

高中时，我参与了许多场喜剧的演出，甚至导演了其中几部。到我上大学时，我在表演和导演方面的品位已颇具水准。虽然我自己没有意识到，但是我常常被邀请去参加辩论赛和演讲比赛。一旦站上演讲台，我就能很快地放松下来并非常享受,到现在依然如此。我的职业就是要面对不同的人群进行演讲，并与他们合作。尽管我在演讲之前非常紧张，但从站上台的一瞬间开始，时间就会在我的演讲中飞逝。

如果你找到了自己的天赋，那么你对时间的感知就会发生变化。如果你投身到自己热爱的事情中，一个小时就像是 5 分钟一样快。我妻子特里总说，从我下班回来时的状态就知道我一天都干了些什么。如果我回家时看起来似乎老了 10 岁，那当天一定是开会了或者处理行政事务了；但是如果我哪天回来神采奕奕，一定是作了演讲或者主持了研讨会。顺应天赋会让你精力充沛，除此之外的事就都是在消耗你的能量。那么，你该如何开始寻找你自己的天赋之旅呢？

发现天赋的 3 个步骤

正如我在前文所说，探寻天赋之旅是双向的：向内深入挖掘自我的灵魂，向外寻找外部世界蕴藏的机会。因为我们所有人都活在两个世界中：一个世界是内部世界，它因你的存在而存在，是你的内部意识，包括感觉、想法、情绪和感受；另一个世界不会因你的变化而变化，它是包括了其他人、各种事物、不同环境的外部世界。外部世界无论我们生死与否都一直存在。**你只能通过内**

部世界去感知这个外部世界。你可以通过感官去感知这个世界，通过价值观、感受和态度去认知这个世界。

为了发现天赋，你需要了解这两个世界，要深入发掘自己的天资和热情，并在周围环境里寻找机会。实际上，发现天赋有3个环环相扣的步骤，你应该努力练习其中的每一个步骤。

步骤1：屏蔽干扰

首先，你应该更好地了解自己。你要花时间和自己相处，忽略他人对你的看法。但对很多人来说，真是说起来容易做起来难，因为很少有人能完全与世隔绝地生活。我们大部分时间都在和他人相处：家人、邻居、朋友、同事。与我们关系亲密的人只有几个，而大部分人都是点头之交，或者介于两者之间。随着年纪渐长，我们要承担起更多责任，扮演更多角色。与其他人一样，我们总是会被他人对我们的看法和要求所左右。

我们身处的时代有太多的“噪声”和干扰，这个世界变得越来越躁动。今时今日，不管我们如何夸大数码技术对人们思维、生活和工作的影响，都不会过分。2010年，谷歌时任首席执行官埃里克·施密特（Eric Schmidth）预计，我们现在每两天创造的信息量，几乎等于从文明创始之初到2003年人类创造的信息量的总和。思科公司的研究者们发现：截至2010年，互联网包含的数据相当于一个约580亿公里长的书架上的书里包含的信息量，也相当于地球到冥王星的距离的10倍。每5分钟，我们就可能会创造一次“信息风暴”，它的信息量相当于整个美国国会图书馆里的所有信息。当然，实际上可能会更多。

这种便利让我们的注意力不断地被新技术所吸引，追求快速反应，而不是深入思考和批判性反思。如果我们所扮演的角色受到外部世界的干扰，那么我们很容易会迷失自己。为了发现自己的天赋，我们必须重新找回真我。**要做到这一点，我们必须创造一些与自我相处的独立空间和时间，感受自己的本真，屏蔽他人的期待和各种噪声。方法之一就是冥想。**

老实说，说到冥想我有些心虚，因为我自己也不擅长。我曾经努力尝试过，但注意力总是不够持久，我总是会感到不安。小时候，父亲总是叮嘱我不要焦虑，但是我却从未达到他所说的那种境界。如今我也已为人父，我的家人也尝试让我进行冥想。如果 18 世纪著名的文学大师塞缪尔·约翰逊（Samuel Johnson）看到我冥想的样子，一定会这么写："他就像是一只直立行走的狗，虽然看起来很别扭，但终于还是完成了。"

冥想看起来简单，但是它需要你慢慢将思绪沉淀下来，沉浸在宁静中。这样我们才能清除世俗纷扰，让真我得到片刻安宁。冥想的最大挑战是要停止思考，而这也正是它的目的所在。我们通常认为聪明就是拥有逻辑性思维。思考当然很好，但并非时时刻刻都要思考。思考和意识不是同等的概念。埃克哈特·托利（Eckhart Tolle）曾在其著作《当下的力量》（*The Power of Now*）中写道：**"过度思考可能会禁锢我们的意识。"**

思想的杂乱就像是电视屏幕上干扰信号的雪花和噪声。**冥想的目的之一就是要减少思想上的混乱，去体验更深层次的意识。**自古以来，人们都将思维的波动比喻成水面涟漪，而只有透过平静的湖面才能看到水下的景象。

对很多人来说，冥想都不是易事。不过令人欣慰的是，冥想有很多种实现方法。有些方法需要静谧的环境和地点，但有些不用。对于很多人来说，瑜伽就是一种好方法；而有些人只要安静地呼吸和放松就可以进入冥想状态。在做书中的每一次练习之前，我建议大家先做几分钟冥想，让自己冷静下来，以便注意力更加集中地去应对接下来的问题。

FINDING YOUR ELEMENT 发现天赋训练营

训练方法 1：冥想

◎ 保持舒服的坐姿，肩和背伸直并放松，闭上眼睛。

◎ 用鼻子深吸一口气，憋气几秒钟，然后缓缓地将气吐出。

◎ 将注意力集中在呼吸上，慢慢重复以上动作 4 ~ 5 次。

◎ 自然地呼吸，并保持几分钟，感受自己在呼吸时的情感变化。

◎ 如果有一些杂乱的想法，也不要停止，只关注自己的呼吸，然后放松。

◎ 5 ~ 10 分钟后，睁开眼睛，安静地放松几分钟。

我建议大家可以尝试几种不同的方法，然后再选择最适合自己的方式。每天哪怕抽出几分钟的时间，我们或许就可以与躯体之下的真我建立联系。冥想虽难，也有迷人之处。

步骤 2：变换角度

发现自己，就必须重新审视自己。诗人阿娜伊斯 · 宁（Anais Nin）曾说："我看不到世界本来的样子，只能看见我自己。"她的意思是说，没有人会保持客观，我们对周遭世界的观察总是带着自己的主观意愿，而我们的主观意愿同时也会受到外部客观世界的影响。人类不能总是直接地观察世界，而是通过观念、价值和信念去解读我们的经历。而这些观念、价值和信念又和我们的个性、文化环境及所处的时代息息相关。在生活的各个领域，我们是否采取行动、采取何种行动，都取决于我们的感受和想法。我们和身边所有人的态度都可能对我们探寻天赋的过程产生影响，或多或少，或好或坏。

我们现在就从自我假设开始。你可能会认为自己没有什么特别的天资和热爱，很多人也是如此，可他们最后都找到了。你可能一直以来都认为自己在喜欢的事情方面没有什么天赋，因为害怕失败或者显得很蠢，所以放弃了追求；或者，你觉得自己已经过了尝试的年龄了。所有这些想法都是阻碍你探寻自身天赋的原因。找到自己的天赋可能会挑战他人对我们的认识。我们对自己的认识往往会受到家人和朋友看法的影响。而且，我们也是广义文化的一部分，每一种文化都有自己特定的思维方式和行事原则。根据你的性别、年龄或者特定的角色和责任来看，你的选择都会被文化中的一些规范和禁忌所影响。

接下来，我们还会讨论这些问题。我在这里想说的是：**为了发现天赋，你必须打破成见。**认真思考自己的天赋，想想自己的成功经验和对未来的期望，这是发现天赋的基础。本书中的练习为的就是让你达到这些目的。当你阅读本书时，你会用到各种辅助思考的工具和技巧，以下就是 3 种非常有效的工具。

工具 1：思维导图 “思维导图”（mind mapping）是一种呈现信息，对信息进行分类的直观方式。思维导图一般有一个核心概念或主题，然后你可以用线条、文字或图片，将这一核心概念或主题与相关概念和信息联系起来。创建思维导图时，要在一张白纸的中心写上核心概念或主题，并用圆圈标注出来，然后再以这一圆圈为起点画一些分叉线来表示一些相关概念。分叉线的数量由你决定，每一条线又可以被分成两条或者多条思维路线。图 1-1 是我为本书做的思维导图。

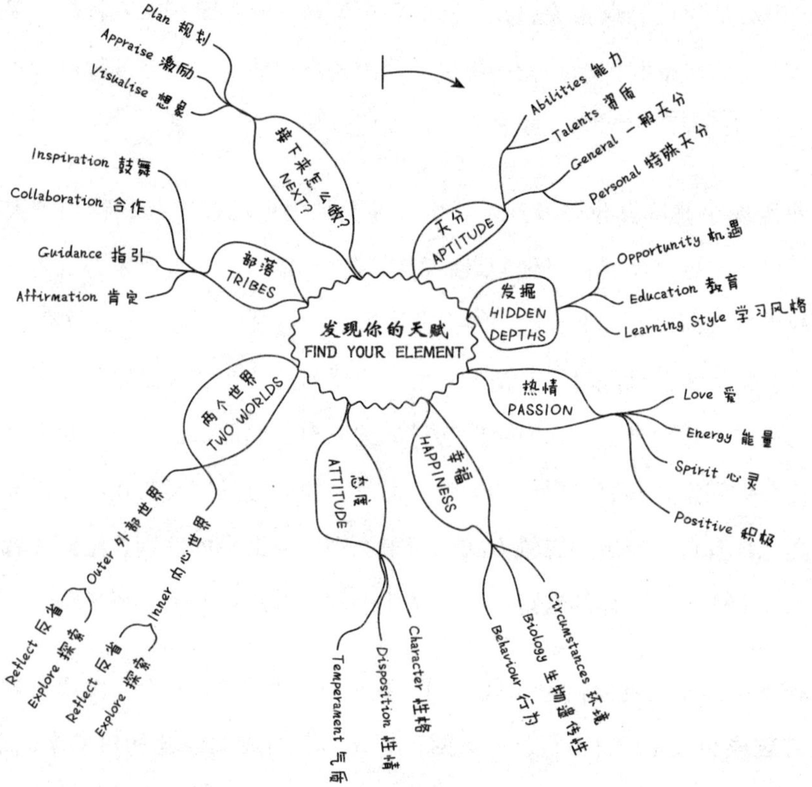

图 1-1　本书思维导图

现代思维导图的创始人是东尼·博赞（Tony Buzan）。他和他的兄弟巴利·博赞（Barry Buzan）合著了《思维导图》（*The Mind Map*）一书，这本书正是创建思维导图的最佳指导手册。另外，互联网上也有很多关于思维导图的案例和方法可以参考。思维导图可以给你一种创造的自由，为你打开全新的思路。在创建思维导图时，请谨记以下原则：

- 每一条线的描述都要尽量简洁，它可以是一个词或者一个短语，这是因为思维导图首先要直观。
- 区别对待关键词和非关键词，例如，使用大、小写或加粗、不加粗格式等。
- 每一个关键词或图片都应该有属于它自己的一条分叉线。
- 分叉线最好和它们要表达的词语或图片的内容等长。
- 分叉线应为不规则的曲线，不要用直线或直角。因为思维导图的目的之一，就是要建立一种有机的关系网。
- 从核心概念衍生出来的分叉线开头应该较粗，在后面连接分主题或子概念时渐渐变细。
- 最好用彩笔画思维导图，这样更好看，也更容易辨别不同的层级和概念类型。

用这种方法，你也可以试试画出一幅属于自己的思维导图！

工具 2：愿景板 “愿景板”（vision boards）是由你的各种愿望、期待和梦想拼贴而成的。愿景板可以将你生活中的愿望进行分类，并将它们呈现出来。制作愿景板是一个放松且对健康有益的过程，能使人产生愉悦感。

制作愿景板时，必须仔细筛选自己准备的那些杂志，挑选出与自己的兴趣爱好相关的内容，然后再剪下自己完全认同的照片、图片或词句。你也可以在网上找一找。我建议在这一阶段的训练中不要使用自己的照片，它会让愿景板变得有点儿复杂，因为这些个人照片代表了你的过去，而非未来。

如果你拥有了一些可供选择的图片，那也就是拥有了一些选项，因为最常见的愿景板就是用胶水把各种图片粘在纸板上的。虽然这样也不错，但我还是建议大家用一些更灵活的方式。因为随着你慢慢地探索自己的天赋，哪怕是在你找到它后，你的希望和愿景也可能会发生变化，所以你可以随时调整自己的愿景板。为了方便调整，我建议使用图钉、魔术贴或胶水。但只要你觉得方便，哪种方法都可以，发挥你的想象力吧！

如何使用愿景板完全是你个人的选择。你要始终将它摆在明显的地方，这样你就可以随时看到它。如果你觉得愿景板是很私人的东西，不愿让他人看到，那么只要保证自己想看的时候一定能看到它就行了。**愿景板的主要功能就是要让你期待的生活以可视化的形式展现在你的面前**。所以尽情地去享受它，用它真正表达你的想法吧！不要屈从于其他影响，因为是你在创造自己的生活愿景！

工具 3：自动书写 愿景板和思维导图的核心就是，鼓励你保持可视化和关联性的发散式思维，避免你在某个观点上一条道走到黑。通过打破常规的思维方式，你就能从全新的角度来认识自己。当然，你也可以只使用语言的方式进行思考，特别是在进行自由写作练习的时候，而不需要加入任何判断和自我意识，这一方法就是“自动书写”（automatic writing）。

自动书写的目的是在自主、无计划和无约束的情况下，了解自己的想法和感受，在此过程中我们不会有意识地去控制书写的内容。自动书写不是要呈现自己或他人的成熟观点，而仅仅是写下你能想到的所有东西，再通过自由联想随意发挥。你不必中途停下来纠正错误或者进行检查，或者是计划下一步应该写什么。通过愿景板，你可以收集各种印象和感受。通过思维导图，你可以在书写过程中随意进行关联。

要练习自动书写技巧，你可以找一个能让自己放松的地方，且准备好充足的纸张、彩笔和其他能让你觉得舒服的东西。先想一想，你想了解什么问题或主题。我们这里以“我的热情”（my passions）为关键词，不做进一步引申，就从这个词开始写，想到什么就写什么。尽量保持5分钟不间断的书写时间，不要停下来修改。慢慢练习之后，你会发现自己能不间断书写的时间越来越长。最好每10分钟、15分钟或20分钟停顿一次。

不要在意书写、标点或格式错误，这是为了能让你尽可能自由地写下自己的想法和感受。自动书写是一个不受干扰的自我表达过程。如果你已经写完了并已准备好了，请开始阅读自己写下的内容。你可以将那些最触动自己的字句圈点出来，作为下一次自动书写的起点词。另一种方法是将关键词的每一个字母作为随机书写的起点，例如passion可以被分解为p、a、s、s、i、o、n，然后再进行自动书写。

朱莉娅·卡梅伦（Julia Cameron）的畅销书《创意,是一笔灵魂交易》（*The Artist's Way*）中建议,大家可以每天起床之后就进行自动书写,她将之称为“晨间笔记”。晨间笔记不需要集中于某件具体的事物，而是在一天开始前将杂乱的信息从意识中驱赶出去。

朱莉娅·卡梅伦描述说:“晨间笔记是3页粗略的手稿,或者说是‘意识流’,是我起床后做的第一件事。它没有对错之分，也不是什么高雅艺术。它记录下的是你想到的任何事情，也只有你自己可以看到。除了偶尔能让人充满激情，大多数时候，晨间笔记都是负面的、支离破碎的、重复的或无趣的。你担心的工作，让人头疼的该洗的衣服，还有朋友异样的眼光，所有这些都阻碍了你的创造力。这些因素搅乱了你的潜意识，把你一整天的计划都打乱了。那么就把它们都留在晨间笔记本上，然后神清气爽地去上班吧！”

朱莉娅·卡梅伦建议大家，起床后第一件事情就是写晨间笔记，所以你要在自己的床头准备笔、笔记本或纸张，这样你醒来的第一时间就能开始写。接下来，你就可以着手写晨间笔记了。朱莉娅·卡梅伦很清楚地说，你想写3页或者20分钟都可以。她还建议写完不要回头去阅读你写的内容，因为那样做会让这些东西萦绕在你的脑海中，打断你的思路。她甚至建议你应该一写完就撕掉它们。如果你不愿意撕掉它们，就用一个大信封将它们装起来，放在别人找不到的地方。当然，你也可以在一个对外保密的日记本上写。无论你选择哪种方式，晨间笔记都能有效地清除你这一天的忧虑，使你精神饱满地去迎接新的一天。①

步骤3：勇敢尝试

要想了解自己的内在世界，我们就必须了解外部世界。你应该尝试不同的活动，去不同的地方，结识不同的人。你应该让自己接触新的机会，并在不同的环境下对自己进行检验。如果你有一些想要尝试的事情，就大胆去做吧。如果有一些你一直很怕做却依然好奇的事情，也应该去试试。**如果你不去尝试新的东西，就永远不会知道自己能做什么。**

当然，你不可能去尝试所有的事情。冥想和反省的作用就是要找出对你而言最重要的经历，然后再把它们变成现实。在阅读本书的过程中你会发现，一些练习能帮助你观察外部世界，从而辨别自己未来的发展方向。

环境很重要，个人背景和生活经验也是如此。**无论你目前的处境如何，**

① 在《创意，是一笔灵魂交易》一书中，作者还指出了其他能够唤醒创意的基本工具，为人们打破创意瓶颈，重拾创作力提供了动力。本书中文简体字版已由湛庐文化策划，中国人民大学出版社出版。——编者注

最重要的不是你过去经历了什么，而是你未来能创造什么。

屏蔽干扰、变换角度和勇敢尝试是发现天赋的 3 个核心步骤。你也可以将这 3 步并成一步，一次完成。但是如果你真的想找到自己的天赋，我建议你还是不要这么做，因为这就像锻炼一次就想成功瘦身一样。想成功瘦身并保持体形，就必须进行长时间的重复锻炼。所以，在探寻天赋时，只有将集中注意力、不断探索和认真反思这三者不断地进行循环，才能使我们更深入地了解自己和周围的世界。先看看训练方法 2。

FINDING YOUR ELEMENT 发现天赋训练营

训练方法 2：评估“现在的你”

训练方法 2 的目的在于，帮助你评估目前的生活状态和自身的感受。

◎ 在一大张纸上，列出一系列关键词或者近期收集到的图片，可以包括会议、邮件、购物、社交、上下班、学习、看电影等。每个人的生活都不同，你的是什么样的？

◎ 用不同颜色的笔标注出自己的分组活动，例如娱乐、社交活动、爱好、运动锻炼等种类。在此，你可以使用你最容易理解的分类方法。

◎ 在第二张纸上，你可以将这些不同类别的活动依次圈出来。用圆圈的大小反映你每周花在这一项活动上的时间长短。如果你工作的时间是休闲时间的 3 倍，那么代表工作的圆圈大小就应该是代表休闲的圆圈大小的 3 倍。将每个关键词或图片都放在相应的圆圈内。

◎ 思考你对这些不同类别活动的感受。你喜欢工作而不喜欢锻炼？你喜欢社交而不喜欢学习？可以用 3 种不同的颜色来标明你对之喜欢的程度：“喜欢”、“无所谓”和“不喜欢”。

◎ 之后，在另一张纸上画上一个大大的圆圈，将它分成3部分，表明你花在你“喜欢”、“无所谓”和“不喜欢”的3类事情上的时间比例。这个饼状图会是什么样的？

花一点时间反思一下你画出来的饼状图。你感觉如何？你是否想要做出些改变，为什么？现在你可以做出哪些改变？还有哪些改变需要耗费更长的时间？你是否知道自己未来该怎么办？如果你现在还无法回答这些问题，没关系。你很快就能做到了。

在我们进行下一个训练之前，我要先介绍和解释一下整个天赋探寻过程中应遵循的3个基本原则。

发现天赋的3大原则

寻找天赋不是一个“10步项目”，而是一个因人而异的个性化过程，然而这个过程要基于3个普适原则。

原则1：你的生命独一无二

在整个历史长河中，你的生命历程都是独一无二的。前无古人，后无来者。如果你是几个孩子的家长，我可以跟你打个赌：你的孩子们一定都各不相同。但是，你一定不会把孩子们认错，不是吗？即使是双胞胎，他们也会有很多地方不一样。我们兄妹7人，每个人都性格迥异。当然，我们在某些方面比较相似，而且我们始终是相亲相爱的，但是，我们各有各的喜好、兴趣和性格。我和妻子有两个孩子，他们在某些方面非常相像，但在其他方面却完全不同。著名舞蹈家玛莎·格莱姆（Martha Graham）曾说：“有一种生命力，一种令人兴奋的能量，它会通过你转化成一种行动，因为你一直都是独一无二的，而这种表达同样也是史无前例的。”

每个人都有两个方面的独一无二之处：生物学意义上的独一无二和文化意义上的独一无二。

尽管你的生命是独一无二的，但你要明白一点：其实你的存在也是一个小概率事件。想想看，你之前已经出现了多少人类生命。我不是说那些还不能直立行走的史前生物，而是说像我们这样拥有辉煌历史且擅长嘲讽的现代人类。一般认为，我们这些现代人类的形成距今已有 5 万 ~ 10 万年的历史，那你有没有计算过，在这几万年里人类到底繁衍了多少生命？

没有人知道确切的答案，任何答案都只能是一个粗略的估计。即便如此，统计学家们还是根据从古至今的出生率、死亡率、寿命等因素做过相对合理的预估。目前，最靠谱的估计是 600 亿 ~ 1 100 亿。如果我们折中估计，自文明创始之初至今约有 800 亿人诞生。

你是如何成为八百亿分之一的？你祖先的那一线微弱的血脉是如何经历千百世代而传递到你的生命中的？在这漫长的时间里，多少人曾相遇结合，之后一代代繁衍，直到生下你的曾祖父母那一辈人？你的曾祖父母和外曾祖父母是如何相遇，然后生下你的爷爷、奶奶和姥姥、姥爷，然后你的爷爷、奶奶和姥姥、姥爷又是如何相遇，生下你的父母的？再然后，你的父母又是如何相遇，生下你的？这样看来，你的出生是经历了环环相扣的选择的，以上所有人的偶然相遇、相知和相爱缺一不可。这真是一个奇迹。

我之所以说你在出生之前就已经经历了很长的形成时间，那是因为你的身体里流淌着你祖先的血。后结构主义学者朱迪斯·巴特勒（Judith Butler）曾说："我无法全然了解自己，因为我的一部分身体和灵魂里留下了他人的神秘踪影。"这些人的"踪影"会影响我们的外貌、性别、种族和性向，而且可能会影响我们的天性、天赋和性格。比如，我就很像我的父亲，长相像，脾气更像。很多我认为是属于自己的特质，其实都是从他那里遗传下来的，而我的兄弟和亲爱的姐姐也是如此，我们都从父亲那里遗传了很多特质。但是，我们并不是父亲的复制品，因为我们也继承了母亲的很多特质。我们的父母也从他们自己的父母那里遗传了很多特质，就像我们一样。可见，我们每个人都以自己独特的方式，结合了这些遗传因素和其他个人特质。

了解我们的遗传基因，能帮助我们更好地理解自己的思维和感受。回溯传承的路径，也会有助于启示我们未来的道路。**探寻自己的天赋必须了解自己天生的力量和热情，它们是我们独一无二的生物遗传性的一部分。**

我们之所以独一无二的第二个原因是文化。当社会发展出可供人类共享的观念、价值观和行为模式时，就形成了文化。一般来说，对内在自我的理解会受到我们所处文化的影响：文化的提倡和抑制，文化的许可与禁忌。你是否会去探寻自己的天赋，也会受到周围环境的影响：贫穷还是富有、战争还是和平以及受教育的类型和水平等。我的生活之所以与我的父母不同，是因为我们生在不同的时代和环境中。我的父亲生于1914年，母亲生于1919年，他们都出生在英国的利物浦市。尽管我的出生地和他们一样，但是我成长的20世纪五六十年代，和他们青少年时期的二三十年代相比，已经发生了翻天覆地的变化。

我们的生命都被自我特质和环境因素繁复交错的潮流所塑造。我们自己做的决策和他人为我们做的决策，都影响着我们选择和放弃什么样的道路。探寻自己的天赋意味着要审视自己所处的文化环境，思考你现在所期望的成长机会。

原则 2：你可以创造属于自己的人生

不管你过去和当下所处的环境如何，你永远都不应该被旧日时光所束缚。常言道："你无力改变过去，但可以改变未来。"你确实可以改变未来，因为你的天性可以助你成功。

人类和地球上的其他生物一样：我们会死，靠地球中的资源谋生；我们是有机体，像其他生物一样会成长和变化。但是在最重要的方面，我们和它们又有着本质的区别。

大约 5 万 ~ 10 万年前，人类出现了。这个过程看起来很漫长，但是在茫茫宇宙中，只算得上弹指一挥间。据推测，地球距今已经存在 45 亿年了！如果你把地球距今存在的时间想象为一年，那么现代人类诞生的时间距今差不多也只是敲响跨年钟声前的一分钟而已。在历史上的大多数时候，人类与自然界的相处都很和谐。但在几百年来，人类在很多方面都处于主导地位。为什么会这样？是什么让人类和自然界的其他部分区别开来？我想，**简而言之，就是因为人类具有巨大的想象力和创造力。**

想象力，是想象那些无法被感知事物的能力。在想象的过程中，你可以跳出现实，重溯过去；也可以进入他人的内在世界，了解他们的所见所闻和所感所想，也就是感同身受；你还可以想象未来，并努力将它变成现实。这种事后思考、感同身受和先见之明，都是你塑造或重塑自己生活的宝贵资源。

想象力是创造力的源泉。创造力可以推动想象力转化为现实，也就是实践想象力的能力。因为全人类的集体创造力，我们才会拥有那么多辉煌成就：艺术与科学成就、人类的语言、技术和我们的观念与文化价值体系等。

从生物学意义上来说，我们和其他动物的进化速度差不多。但是从文化意义上来说，我们和它们又完全不同。狗已经进化了很长时间了，但是它们的生活方式一直都没有发生改变。当然我不是说狗没有想象力，因为我不知道它们到底有没有。但是它们无法像人类一样表达自己，自然也就无法快速地进化。它们和之前相比没有太大的变化，所以你没有必要去发掘它们的新变化。

人类总是在推陈出新，因为人类具有创造性。你是根据自己的世界观和所处的环境，通过那些你抓住或放弃的机会，以及你看到的可能性和做出的选择，创造了自己的生活的。作为人类的一员，你有很多种选择。对你而言，想象力和创造力是匹配的，对你家的狗来说却不一定。

古话说“英雄不问出处”，因为你可以不断创造崭新的人生。心理学家乔治·凯利（George Kelly）曾说过：“没有人会被过去的经历所禁锢。”正如荣格所说：“我不是过去经历的结果，而是自己选择的未来。”

原则 3：生命是一个有机体

依照我的经验来看，几乎所有的中年人甚至年长者都没有对自己的生活抱有正确的期待。即使他们做着自己选择的职业，也没能预见所有细微的差别：如果他们拥有不同的工作、爱人、家庭和孩子，会变成什么样呢？

以我自己为例，曾经有一段时间，我以为自己会成为一名牙医或者会计。在高中毕业前夕，我遇到了一位职业指导老师，这也是我唯一一次遇到他。他问我在学校里最喜欢什么课目，我告诉他是英文、拉丁文和法文。我喜欢法文，其实是因为我喜欢法文老师埃文斯先生。他会说法文，而且他的水平超越了其他法文老师。他很年轻，却温文尔雅，卓尔不群。而且，他还抽法国烟，吃大蒜。大蒜这种东西在20世纪60年代的英国还是非常罕见的。我以前以为大蒜是一种药材，那时的英国式饮食还不像现在这么全球化。我20岁时第一次看到西葫芦，20多岁才认识了茄子，而我宁愿至今也不认识它们！最重要的是，埃文斯先生娶了一位法国太太。我们根本无法想象她是什么样的！事实上，我们在法文课上的大部分时间都在想这件事情。

因为相信职业指导老师对人性和未来的洞察力，我期待着他能预测出法文、拉丁文和英文对我未来人生道路的影响。他想了一会儿，然后问我是否愿意成为一位会计，我说“不”！那么牙医呢？我还是说“不”！我从未考虑过这两个选项。正如你们看到的那样，我们俩谁也没有预见到我以后的道路：我显然没有跟数字或蛀牙打过交道，但也没能跟法文扯上关系。

我们俩都没能预测我的生活。**没有人能预测他人或自己的生活，因为生活不是线性的，而是随机的。**我们的生活是一个不断即兴创作的过程，在我们的兴趣和个性、环境和机遇的交错之中即兴创作，这两者相互影响。我们一生中的很多机会，都来源于我们在环境中所创造的能量。

当然，如果你要开始创建自己的简历的话，整个过程就可能会有所不同。因为你给自己的生活强加上了线性发展的线索，让它看起来显得更有规划性，像是经过了深思熟虑似的。你将自己的过去围绕“大事年表”组织起来，仿佛你的生活正是以一种经过规划的明智框架建立起来的。你这样做是为了提升士气，也是想让你未来的老板觉得你的生活不像大多数真实情况下那样杂乱无章。

本书中将会有很多说明这 3 大原则的例子。我们来看看“广告教父”大卫·奥格威（David Ogilvy）的职业生涯。20 世纪 60 年代纽约的“奥美”，奥格威的广告公司，正是热播美剧《广告狂人》（*Mad Men*）的原型。如果你对他在麦迪逊大街上的传奇经历有所耳闻，那么你一定会以为他是地道的美国人，并且一直在广告界奋斗，矢志不渝。事实却并非如此。

大卫·奥格威 1911 年出生于英国，曾在爱丁堡大学和牛津大学接受教育，他的第一份工作是在法国的皇家酒店厨房内干活，后来又去往苏格兰售卖厨具。因为擅长销售，他曾受老板邀请写了一本销售指南。这一手册出版 30 年后被《财富》杂志誉为“有史以来最好的推销员手册”。奥格威的哥哥弗朗西斯将这本手册介绍给了他伦敦马瑟广告公司的总经理。奥格威的这本销售手册给他们留下了深刻的印象，并为他在这家公司谋得了一个小职员的职位。在广告公司拥有了一段成功经历后，奥格威去了美国，当上了盖洛普公司的副总裁。在第二次世界大战时期，奥格威在华盛顿的英国驻美大使馆从事情报工作。

奥格威在战争一结束就离开了这座城市，加入美国东海岸的阿米什教派，开始做一名农夫。10 年之后，他决定重新回到大城市纽约，在马瑟广告公司担任业务代表。在接下来的 20 年里，他把这家公司变成了全球首屈一指的广告代理公司，并将公司更名为奥美广告公司。像是昼夜交替一样自然，奥格威从苏格兰的烤箱销售员到阿米什农夫，再到麦迪逊大道的广告大亨，他的一生就是证明天赋可以创造人生的最精彩的例子。

这个例子告诉我们如何在不同的天赋之间创造自己的人生，人生不是线性的，而是随机的。**发现天赋意味着接纳新鲜的体验，从内心世界和外部世界中寻找新道路和新机会。**

确定自己的人生方向

现在，我们来简单谈一下教育问题。发现天赋的障碍之一就是，目前大多数的教育体系都没有以前文的 3 大原则为基础。相反，大多数教育体系都是在压抑创造性，并大肆宣扬生命是线性的、是一个无机体的观点。最常见的逻辑就是，如果你能选择某一个专业，完成规定的课程项目，通过所有的考试，你的生活就会步入正轨。如果你不这么做，生活就会很艰难。

然而前提是，如果你很清楚自己想做什么，那么这样做或许是有效的。但是我想说它更可能是无效的，因为学校里学的东西与你毕业后从事的工作和以后的生活之间，并没有直接关系。你可能会想，既然工程师主导着位于硅谷的公司，那么公司的创新能力与领导者的科学知识之间会有很强的相关性。你错了！杜克大学普莱特工程学院教授威维克 · 瓦德瓦（Vivek Wodhwa）对 650 多位美国本土的首席执行官和 500 多家科技公司的产品部负责人进行了调查，发现他们其中 90% 的人都拥有学士学位，但只有 40% 的人获得了工程学和数学学位，其他 60% 的人都来自商科和人文艺术专业。

瓦德瓦教授总结说，大学专业和日后取得成功的领域并没有太直接的关系。他还参与了超过千人的招聘工作，也发现学习的专业和职场的成功没有什么直接关系。他说：“**让人成功的是他们的决心、动力和从失败中学习的能力，以及他们的勤奋程度。**”我们有必要强调这一点，因为一些年轻人无法选择自己喜欢的专业。那些“善意”的父母、朋友和老师们总担心他们这样会找不到工作，但事实并非如此。

凯瑟琳 · 布鲁克斯（Katharine Brooks）是得克萨斯大学奥斯汀分校人文职

业研究中心的主任。她说，大部分的学生都被灌输了这种思想，即职业规划是有线性逻辑的：“我学的是政治学，所以我应该去法学院”“我是学历史的，所以我应该去做历史老师”等。事实上，很多或者说大多数人，一旦离开大学进入社会，他们就会完全走上与预期不同的道路。大多数学生最后都发现，他们喜欢的其实是专业以外的事情。布鲁克斯估计，与她联系的校友中，只有不到1/3的人从事着与大学专业相关的工作。

那么，这些最终发现自己拥有其他兴趣的大多数人过得怎么样呢？他们开心吗？如果他们能实现自己的所爱，就会过得开心。布鲁克斯说：“对我来说悲哀的是，有些人接受某份工作只是因为它薪酬很高，然后用挣到的钱在痛苦的环境中为自己买乐子。那些选择自己热爱的职业的人很少会觉得自己是在工作中煎熬，而是觉得在享受生活。”

我的职业指导老师没有帮到我，因为他并没有深入地了解我，只是拿着一个常规职业表，试图把我往这张表上套。即便如此，我还是很难理解他从我喜欢的法文课到他建议我做会计或牙医的跨度。不过话说回来，他至少对我的职业还有一些想法，这么看来反而是我自己没有什么主意。当时，我只有一些学习英美文学的模糊想法，还有某些算不上选择的大致概念。我更偏好文科而非理科，我不想学商科或者从事行政工作，我喜欢表演，喜欢与人共事，特别是和有趣的人共事，而我又不想在剧院工作。但是其实，这种模糊的定位正是我所需要的。我认为这种大体的定位就是在寻找我的人生方向。

每个人都有自己的起点。有些人清楚地知道自己从今往后的几年要做什么，他们的目标犹如地平线上的路标一样清晰明了，引导着他们前进；而其他一些人只是隐约中觉得自己走的路不对。你呢？事实上，你应该有个基本的方向感，虽然它不能帮你搞定所有事情，但是却能帮助你找到初始的参照点；它还可以帮你在各种道路之间进行选择，其中一些我们直觉上就会知道是不可能的选择。你在生活中曾经尝试过哪些事情？没有尝试过哪些？你可能有很清晰的方向感，也可能没有。让我们来看一看。

FINDING YOUR ELEMENT 发现天赋训练营

训练方法 3：描述自己

我们现在回顾一下你在训练方法 2 中描绘出来的生活方式，以便对你的生活进行简单直观的分类。训练方法 3 的目的，在于呈现你所做事情的所有类型，并捕捉你对自己的生活的基本看法和感受。请按以下步骤进行：

◎ 浏览一些杂志，剪下你感兴趣的图片、标题或文字。

◎ 从中选择出能表示你目前生活状态的图片，或者选择你目前正在参与的活动的图片，并标明你是喜欢它还是仅仅参与而已。

◎ 将这些图片以你自己的方式进行排列。只要能表达出你目前生活的状态和感受就可以了。

◎ 随便在图片上涂写，以当下最能表达自己情绪的方式进行自我定义。

◎ 如果可能的话，也可以为之加上一段自己的录音。

问问自己，这种对生活的分类和展示在多大程度上能表达出你的感受和经验。生活的哪一部分是你最满意的，哪些是你在探寻天赋的过程中需要改变和改善的。

设定自己的航线

我在前面说过，我们所有人的生命都会受到无法预知和无法控制的复杂力量的影响。事实确实如此。但是，我们该如何应对这种影响才是最重要的。从这个意义上来说，活着就像在海上驾驶船只一样，你可以为自己制定航线并始终坚持。但是你也可能会因为根本没有预测到的情景而偏离航道。有些人此时会暂时地颠簸不已，也有人会从此彻底沉没。又或者，你可能会在一个比目的地更有趣的陌生海岸停驻。接下来，你可能会遇到全新的人和经历，你和这些人会相互影响，并一起改变各自的生活。这往往发生在你探寻自己真正的天赋与热情的过程之中。

生命是具有创造性的有机体，你没必要一开始就计划好整个人生。有时，拥有长期目标是一件好事，但也有可能它只能帮助我们关注接下来的目标。在旅途开始时，对不同的道路保持开放的心态，与一开始就拥有明确目标一样重要和有效。有时，你只能走一步看一步，但这样也已足够。最重要的是勇于迈出第一步。哲学家德日进（Teilhard de Chardin）曾经将生命之旅比喻成大海航行来激励世人："我们不能永远站在岸边，警告自己航行危险，亲身去体验吧！"

FINDING YOUR ELEMENT 左思右想

请思考以下问题：

- 你生活中曾发生过哪些重大事件？有哪些转折点？
- 你对生活中的哪个方面投入最多或最少？
- 你知道自己的天赋是什么吗？
- 你知道自己未来的人生方向吗？
- 你想尝试哪些之前从未试过的事情？为什么没有尝试？

找到天资与热情的契合点，就能找到我们的天赋。天资是跟我们的身体组织密切相关的一种原始潜力，只有通过磨炼才能发现它。4 种测试方法有助于我们了解自己的天资是什么。我们的天资可能不止一种，并会随着我们的成长和兴趣的变化而变化。

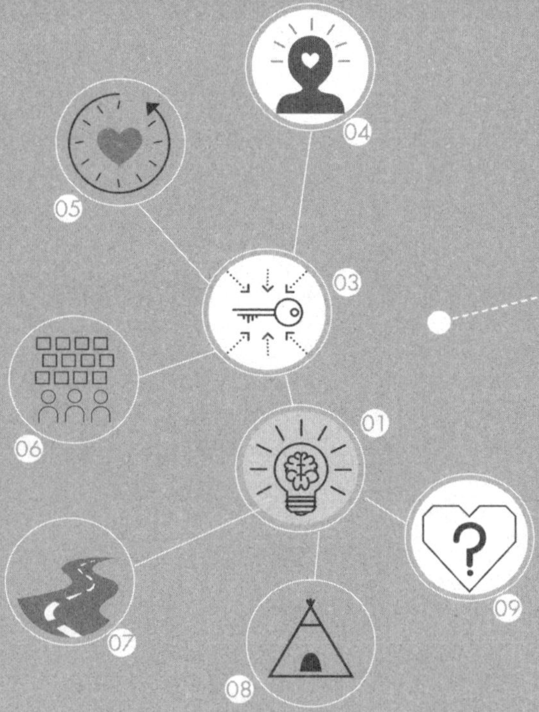

FINDING YOUR ELEMENT

02 你擅长什么

How to Discover Your Talents and Passions and Transform Your Life

顺应天赋就是将你的天资和热情相结合。在这一章，我们将先关注你的天资。之后，我们将会寻找你的热情所在。**了解自己的天资是发现天赋的基础。**为什么这么多人都没有找到自己的天赋？因为他们没有发现自己的天资。你的天资是什么？怎么样才能发现自己的天资？

天资和我们的身体组织有着莫大的关系，它们是我们与生俱来的。有些天资可能在生命早期就会显现出来，而有些天资则可能因为没有展现的机会而被埋没。

小时候，我的哥哥德里克曾在机械引擎方面很有天资。10 岁时，他就开始将摩托车“大卸八块”，探索它的工作原理。对一般人来说，这一点倒也不难。但是他的厉害之处在于，他还可以把它们组装回去，并且完好如初。我的大哥基思和他的许多朋友甚至是靠德里克来保养他们的摩托车的。德里克 13 岁时就开始修摩托车。他就像是一位能听懂马语的驯马者一样，能听得懂引擎的“声音”，能准确地诊断出问题所在，并找出解决办法。他还会花很多时间去研究引擎的技术图。他几乎通晓所有摩托车的品牌和模型，并且对于细节有着惊人的记忆力。直到现在他也是这样，对各种东西的运作原理很有天资。

你可能已经找到了适合自己的生活方式，知道哪些事情对你来说是轻而易举的，而哪些不是。从这个角度来说，命运对所有人都是公平的。我们每个人都天生擅长某些活动和事情，但也可能在某些事情上总是一无所获。你可能很擅长体育运动，或者对手工活和使用工具很有天资；你可能在看到螺丝刀的第一眼就能明白自己会使用它去做点什么，而不是拿它去插插座。

当然，也不是所有人都是如此。我的大哥基思对于工具和修理工作就一窍不通，他仅有的几次安装柜子、修理家电的经历都成了惊心动魄的濒死体验。但是，他也有自己的天资：他很擅长与人打交道，非常幽默，是一位天生的表演者。你可能也是如此。或者，你很享受在家里和数字打交道的时光；或者，你喜欢吹奏管乐器和养小动物；你可能第一次做领导就能毫不犹豫地投入其中；也有可能当你走进一间房间时，就能立刻想到让这间房间看起来更敞亮的方法。

我的妻子特里对颜色、设计和质地非常敏感。她看到一种颜色几个月后，还能找到与之匹配的一块布、一件家具或一幅画。我就做不到这一点。我需要她告诉我什么时候应该穿什么。如果我独自旅行的话，我一定要她帮我做好固定搭配，这样衬衣、领带和西装搭配才不会出错。但是，我总是能从这些东西里找到唯一一种不和谐的搭配，并将它们穿出来示人，然后在一片安静的窘迫中夸耀自己的独特品位……

天资与能力

天资（aptitudes）和能力（abilities）是有区别的。**天资是一种原始的潜力，**

为了发现这种潜力，你需要运用并磨炼它们。比如说，人类拥有语言天赋，但是学习口语是一种依赖与同语种者交流的文化过程,尤其是婴幼儿时期的交流。如果小孩子在关键期没有与其他人进行交流，他们将空怀这种天资而没法正常说话。阅读和写作也是如此。在正常情况下,每个人都能学会听说读写。但是，很多孩子和成人都不会读或写。他们并非学不会，而是没有学习如何读和写。人们不会随着年纪的增长而自然而然地学会阅读和写字。书面语言和口语一样，也是一种文化习得。

能力往往需要大量的教育和学习才能形成。如果仅仅因为对哪一方面有感觉，就认为自己会成为这方面的专家是不现实的。天生就知道如何使用螺丝刀的人，并不一定就会成为木工大师；擅长数学的人不一定就会成为工程师；视觉敏感者也不一定就会成为出色的设计师。当人们说他们擅长做某些事情，比如“我擅长猜谜”时，他们常常会认为这就是天资；而当人们用职业来定义自己，比如“我是一个密码破译员”时，他们也只是在定义自己的能力。

顺应天赋既需要天资，也需要能力。发现天赋需要找到自己的自然天资，并在实践中不断砥砺锻炼，这是一个先天潜能和后天才华相结合的过程。对于你有天资的事情，你更容易做好。但是，如果你不努力的话，就永远不会知道自己能达到什么样的高度，这就是我学习吉他和钢琴的教训：我其实在这方面很有天资，但没有努力成为吉他手和钢琴家。

一般天资和特殊天资

我们可以将天资分为两种：一般天资和特殊天资。我们每个人天生都会拥有或多或少的绝活儿。在一般情况下，我们每个人都可能拥有相同的生理感官、相同的大脑结构与相同的内部器官和生理系统，而且还可能会做一些相同的事情。我们生而为人，就意味着我们具备了人类普遍所具有的天资基础。

如果你是一只蝙蝠或者一只狗，那么就将失去现有的那些自然天资，比如语言表达能力、想象力。当然，你也可能会具备蝙蝠和狗的天资：作为人类，我们不能在没有外部辅助的情况下飞翔，也无法进行回声定位，或者连续倒挂几个月，但是蝙蝠都能做到；我们同样也无法在树林里跟踪微弱的气味，无法凭借几声嚎叫就能放牧一大群羊，但狗却能轻易地做到。

正因为我们是人类而不是其他物种，所以我们拥有人类普遍拥有的一般天资。在这些天资中，我们每个人因为生物遗传性而会有所长、有所短，我们拥有独一无二的指纹和 DNA 信息。训练方法 4 基于训练方法 3，是用来帮助你寻找自己擅长和不擅长事情的基本方法。记住，你的天资与你天生擅长和不擅长的事情有关，在训练方法 4 中，我们关注的就是这些。

FINDING YOUR ELEMENT 发现天赋训练营

训练方法 4：你擅长什么？

在一大张纸的中间写下你的名字，并用圆圈圈起来。根据你在训练方法 3 中的活动分类，在这张纸上将这些分类分别用圆圈圈起来，并让它们环绕着写有你名字的那个圆圈，这样周围就有了大量空间。用线条将这些活动种类的圆圈分别与名字的圆圈连接起来。

◎ 想想你做过各种类别中的什么活动，并自查其中运用了你的什么天资。此时，你可以在相关的圆圈内以一些关键词或一些图片来代表这些天资。

◎ 想想你天生擅长其中的哪些活动，哪些做得一般，哪些不太擅长。这3种不同水平可以用不同颜色来表示，并在你的思维导图中标明各类活动。

◎ 再拿出一张白纸，画出3栏或者3个圆圈，分别标上“擅长”“一般”“不擅长”，然后将你列举的天资分别填入相应的栏目或圆圈中。

◎ 你现在拥有3种天资了，而且还依据“擅长”“一般”“不擅长”进行了粗略分类。想一想这个列表是否能代表你的实际情况。你想移动哪些内容？你想增加或者去掉哪些内容？如果没有什么需要调整的话，那就继续。

◎ 仔细看看第一种你擅长的事情并思考：你是什么时候才发现自己擅长它们的？是怎么发现的？它们有没有什么共通之处？你有没有运用这些天资的其他途径？哪些工作或职业是需要这些天资的？

训练方法4是你明确自己天资的第一步，需要你大概了解这些天资是什么。你极有可能还拥有很多其他连你自己都不知道的天资，它们隐藏得很深。发掘这些深藏不露的天资也是你发现自己天赋的重要线索。

隐藏着的惊人天资

你不可能知道自己的所有天资，因为不是所有天资都有“大展拳脚”的机会。你能否发现它们在一定程度上取决于你是否有这个机遇。音乐才能就是一个很好的例子。大多数人都比他们自己想象的更具有音乐天资。最有力的例子，就是被大家所熟知的委内瑞拉建立国家青少年管弦乐团的“音乐救助体系”项目（El Sistema）。

在20世纪70年代中期，委内瑞拉还没有自己国家的管弦乐团，而且音乐教育也几乎尚未起步。这并不意外，因为这个国家深陷贫困、犯罪和政治动乱。古典音乐的教育并不是它百废待兴的最后一项，而是根本不在其待兴的发展日程上。委内瑞拉大概是这个世界上所谓“精英”古典音乐的最后处女地之一。但是现在，尽管贫穷、犯罪和动乱依然存在，委内瑞拉这个拥有 2 900 万人口的国家里，还是有 40 多万孩子接受了古典音乐的教育。这一管弦乐盛况让整个世界都为之兴奋与动容。

委内瑞拉经济全球排名第 92 位，28% 的人口处于温饱线之下，但是近几年却诞生了一大批古典音乐家。毫无疑问，以前，数以百万计的委内瑞拉人可能一生也没有碰过一次乐器，但是他们却隐藏着巨大的音乐天资。不过，现在一切都发生了改变：何塞·安东尼奥·艾伯鲁（Jose Antonio Abreu）倡仪并创办了“音乐救助体系”。

艾伯鲁曾任委内瑞拉文化部部长、国会议员，既是一位经济学家，也是一位富有激情的钢琴家。因为相信音乐可以改善平民的地位和理想，他创立了一个可供教孩子演奏和表演高难度曲子的项目。最初，他只有 11 名学生。“在那个时候，音乐和艺术教育只有那些买得起乐器的家庭才能享受，”艾伯鲁说，“但是我认为音乐和艺术的教育应该成为整个国家的财富。”

年轻的委内瑞拉管弦乐团第一次公开演出是在 1975 年 4 月 30 日。虽然经费不足，而且全国上下也没有发展这种音乐的普遍基础，但这个项目还是突飞猛进地发展了起来。它很快就得到了政府的全力资助，现在已经在全球多个国家进行过巡回演出，包括美国。从这个项目走出来的名人有古斯塔沃·杜达梅尔（Gustavo Dudamel），他现在是洛杉矶爱乐乐团的音乐总监，也是世界上最负盛名的指挥家之一。杜达梅尔是土生土长的委内瑞拉人，他对委内瑞拉“音乐救助体系”项目的教育方法和视野十分认同。他说：“我们通过音乐传达了一种信念，即我们在一起，每个人都拥有追求未来的机会。”

“音乐救助体系”还完成了很多不可思议的事情。它鼓励孩子们不断进步，并将他们和艰难世事隔离开来，斗殴事件和警察暴力常常就发生在门外。“这是一个颠覆性的项目，”夏洛特·希金斯（Charlotte Higgins）曾在《卫报》有关“音乐救助体系”项目的文章中写道，“那些生存在难以想象的环境中的孩子，终于有机会通过音乐学到的技能打破贫穷的循环。”

从两岁起，孩子们就可以参加“音乐救助体系”项目。他们很快就明白自己在完成一件伟大的事情。“音乐救助体系”项目将管弦乐团作为一个团结的社区，从而完成个人无法完成的目标：不是争夺第一，而是做最好的自己。这些孩子的最高理想是成为国家青少年管弦乐团中的一员。他们中间很多人可能实现不了这一理想，但是若没有这个项目，他们很有可能会走上截然相反的道路。

“音乐救助体系”项目最伟大的地方是它发掘了孩子们的潜力，否则他们永远不知道自己可以做到什么程度。我们不知道有多少让自己的孩子参与这个项目的父母相信自己的孩子会成为音乐家。但是，我们相信，父母一定知道，孩子们参与这个项目后会改变他们对自己和外部世界的认识。孩子们一旦有了这种改变，就会迎来以前他们从未体验过的无限可能。

对于你的生命来说也一样。**如果你能敞开胸怀去接受新的体验，那么这些新体验就能带给你超乎想象的积极改变。**如果没有“音乐救助体系”项目，委内瑞拉的那些孩子可能永远都不会想到自己是一位潜在的音乐天才。只要你有机会，你也会表现出连自己都意想不到的天资。你不知道自己拥有这些天资，是因为你从来没有机会去展示。

杰米·奥利弗（Jamie Oliver）是一位备受称赞的名厨，因为在英美两国推广健康饮食与抵制加工食品和软饮料而闻名。他的著作《大城小厨》（*The Naked Chef*）于 1990 年出版时，曾登上全球畅销书排行榜第一位。而与此书同名的电视节目，也曾在全球 40 多个国家和地区播出。但是他的学生生涯却不堪回首。“我在学校的时候糟透了，”他说，“我一点儿也不喜欢学校，我对那些功课毫无感觉，在很多方面我都是个问题学生。但是在厨房里，我找到了自己的生命。烹饪最伟大的地方在于，它让每个人都显露出最美好的一面。它需要你亲力亲为，用心去感受，触觉、嗅觉、感觉、味觉会融为一体，它和你的学习成绩毫无关系。”

奥利弗对自己厨师事业的成功感到很自豪，也同样为他人提供了成功的机会。2005 年，他抵押了自己的住房，贷款 200 万美元开了一家慈善餐厅，为 15 名待业青年提供了学习机会。这 15 人中有一些事实上是无法被雇用的。这一过程漫长且充满波折：有些学徒总是迟到，而且非常不配合。“有时候我会想，”奥利弗说，“天啊！这些人是以后要在我的餐厅工作、服务我的客人的人啊！”

最终，这家名为“15”（Fifteen）的餐厅收到了如潮的好评。这 15 位厨师中的 10 个人达到了奥利弗的严格要求，其中几个人最终成了专业厨师。这个项目和餐厅得以继续发展，从此以后每年都招收 15 名学徒。它让奥利弗全身心地投入了提携“新生力量”的工作中，这样，每个学徒就都能探索自我成长的道路了。可见，这个项目改变了这些年轻厨师的命运。

“我不适合学校，因为我总是惹麻烦，在阅读写作中表现得一塌糊涂，”“15”餐厅厨师之一的杰米·罗伯特说，“离开学校之后，我做过很多种工作，还蹲过监狱。但是‘15’餐厅的项目吸引了我，我想这是一个改变命运、走上正轨的绝好机会。”

“老实说，”另一位厨师学徒艾米丽·亨特说道，“如果我不参加这个计划，就不知道自己能做什么。我可能会在一个硬纸盒加工厂干活吧。”在艾米丽发现自己热爱烹饪之前，她一直在不停地跳槽。“其实是从一份烂工作跳到另一份烂工作。”奥利弗的创新让我们认识到，**其他人常常能比我们自己更早发现我们的天资。**

我对职业教育的兴趣来源于自身的教育经历。高中时，我和一群朋友问学校：我们是否能演出一场话剧。我们经常在课本上学习话剧，却从未真正表演过。有一位老师支持我们的演出，并在课余时间执导我们的话剧。因为我们是男校，所以要寻找一部全是男性角色的剧目。没想到这样的剧目并不多，后来我们偶然发现了谢里夫的《旅行的终点》(*Journey's End*)，它是描述第一次世界大战期间战壕生活的经典剧目。我担任这部剧的舞台总监。我们非常努力地排练，演出也非常成功。

第二年我们决定演出理查德·薛礼登（Richard Sheridan）的《屈身求爱》(*She Stoops to Conquer*)[①]。这部剧里虽然有女性角色，但我们不想男扮女装，所以只能四处寻找解决方案。最后，我们决定突破：我们要邀请一位女演员。但是男校里哪有女生呢？在学校操场的对面就有一所女校，但我们之间就像隔

① 原书似有误。这里指的可能是高士密和薛礼登合著的《屈身求爱与造谣学校》一书。——编者注

着整个银河一样。

这两所学校每年都会举行两次联谊活动：一次是让人觉得非常尴尬的圣诞舞会，另外一次就是让人更尴尬的健康讲座。开讲座时，两个学校高年级的同学都聚集在我们学校的礼堂里，学习那些让人心旌摇摇的生理知识。讲座有两场：香烟和性。总结起来，主题就是：珍爱生命，远离它们。

剧组的两个同学去问老师，能不能从隔壁女校请几个女生来演出。他建议我们去跟女校的带队老师谈。我们就像探索新文明一样小心翼翼地穿过了操场。女校的带队老师对我们的到来虽然稍感惊讶，但还是真诚地接待了我们，她认为这是一个绝妙的想法，立即答应了我们的请求。最终，这出戏的受欢迎程度打破了两所学校的记录。

受到成功的鼓舞，我们又开始策划下一出剧：奥斯卡·王尔德的《不可儿戏》(*The Importance of Being Earnest*)。我们问之前的那位老师能否接着当我们的导演，但是他拒绝了，不过还是答应会帮我们选角色。一天晚上，我们所有人围坐在一起，等着老师分配角色。当老师说“我这次不能当导演了，我想肯应该可以担任这个角色”时，我惊呆了！我从来没有想过自己还可以当导演。更吃惊的是，所有人都点头附和！最后，我导演了这部戏，并且发现我擅长当导演，乐此不疲。

正是这一次经历激发了我对戏剧的热情。从此，我的兴趣也奠定了我大学时的学习方向和我初期的职业经历。如果那位老师没有在我身上看到一些天资的话，那我自己也自然不会发现，我的生活或许将和现在截然不同。

发现自己天资的 4 种测试

了解自己天资的方法之一，就是进行各种各样的测试。有些天资是我们自知的，有些则是我们不自知的。已经有大量关于天资本质的研究，你可以在网上找到已经发表了的研究结果，以及通过在线测试来探索你自己的天资。我需要提醒大家:很多这种测试都是商业性的，有些测试的科学价值还有待商榷，你可以将它们当作一种娱乐。不过，这些测试偶尔也会给你带来一点启发。

无论哪种测试，都要记住：有些天资测试或多或少会存在些许误导性，你需要保持一种怀疑的精神和态度。你还要警惕“福勒效应”（Forer Effect），同前文提到的“巴纳姆效应”，不要以为那些放之四海而皆准的模糊信息是为自己量身定做的。

我的儿子詹姆斯和我曾做过某家大型测评公司所开发的天赋测试。我们进行了 3 个小时的测试，测试内容包括限时写作、多项选择、操作测试、声音与节奏识别、图形与模型匹配、记忆测试、算术、词汇和时间管理等。

这些测试本身都很有趣，而且更重要的是，它们看起来似乎很准确。比如说，测试结果表明，我比詹姆斯的动手能力更强，而他比我有更高的音乐天资，事实也确实如此。但是另外一些方面的结果却实在离谱得让人怀疑。有个测试表明，詹姆斯的计划能力和前瞻力都远远高于平均水平，但事实上他甚至没有读懂题目，因为他在这项测试中习惯性地迟到了 20 分钟。而我的色彩感和空间想象力高得足以让我成为一位室内设计师。当我把这个结果告诉家人时，他们大笑不止。

错误百出的结果远远比不上对结果的解读荒谬。我们的这次测试结果是通过一台电脑进行分析的。正如大家看到的那样，整个过程都没有测试出与我过去 40 年工作相关的天资，比如演讲。而且它们也没能测到詹姆斯在表演、写作和喜剧方面的天资，而他在这些方面都表现得非常出众。

这个故事告诉我们，测量天资的标准化测试是很难被设计出来的，它们总是会出这样或那样的问题。这些测试的局限性在于，它们都是纸笔测试或者类似的电脑操作，没有一个测试能告诉你：你可能擅长演奏爵士黑管。即便如此，在当今的技术时代，如果你想挖掘自己的天资，可能不得不使用所有这些测试工具。**你要批判性地看待这些测试，看看它们是否真的适用于你，或者你是不是因为迷信这些测试，而在无形中将自己变成了测试所要求的那样。**

事实上，你在学校和职场中已经进行了很多次测试，只是你并不知道它们叫什么。以下我们将介绍 4 种测试[①]，你可以尝试一下，并比较不同测试的结果会有什么不同。

一般能力倾向测试（GATB）由美国劳工部研究制定，已经有几十年的历史。它测试了人类 9 个领域的天资，分别为一般学习能力、语言能力、数理能力、空间判断能力、形状知觉、书写知觉、运动协调度、手指灵活度和手腕灵活度。测试一共分 12 个部分，不过每个部分并不对应一种能力。而且，每个测试者都必须先获得测试许可证。

盖洛普公司推出的克利夫顿优势识别器（Clifton Strengths Finder），是一款识别个人“建立优势的最大潜能”的在线测试。这款测试由唐纳德·克利夫顿（Donald Clifton）和盖洛普的科学家团队研发，其中的 177 道问题覆盖了人类很多方面的天资。而且，基于这个测试还催生了两本畅销书，《现在，发现

① 下载“湛庐阅读”APP，“扫一扫”本书封底条形码，获取更多本章测试的精彩内容！——编者注

你的优势》（*Now, Discover Your Strengths*）和《盖洛普优势识别器》（*Strengths Finder*）。

美国职业研究中心（VRI）推出的“职业范围”测试（Career Scope），是一种结合了兴趣和天资的测试。通过一系列问题，你可以了解自己的职业兴趣是什么，并将之与你的天资结合起来。

第4类测试是O*NET能力剖面测试（O*NET Ability Profiler），它是由美国职业信息网（OIN）开发的。O*NET定义了几百种职业的关键特征，主要测试9个方面的能力：语言能力、算术推理、运算、空间判断能力、形状知觉、书写知觉、运动协调性、手指灵活度、手腕灵活度。测试结果会被放在O*NET的网站上，而且O*NET定义了800多种职业类型。

评估你的人生之路

我在创作《让天赋自由》一书时所遇到的每一个标准化测试，都或多或少地存在一些缺陷或逻辑矛盾，所以在写本书时，我将视野拓宽到了更多的个性化测试和更复杂的测试形式。布莱恩·施瓦茨博士（Dr. Brian Schwartz）就是这类测试的创始人之一，他是一位职业咨询师，现任北京一家职业与人才管理公司总裁。同时，施瓦茨博士还是成功基因公司（SuccessDNA）的创始人。

施瓦茨博士对待他的客户总是一视同仁，测评项目均不采用标准化测试。“我为人们提供了一种整体性的、系统性的方法，让他们能够基于对自己的认识来进行职业选择，”他告诉我，“人们往往会根据薪酬的高低来进行职业选择，但归根结底追求幸福才是最重要的，诚如《独立宣言》中所言：追求幸福需要我们真实做自己。让人们做自己，就必须先让其了解自己。”

施瓦茨博士的测试方法是我见过的最精心、最详细的方法。如果说大多数测试都是折扣店的成品，那么成功基因公司的测试就是伦敦萨维尔街上最顶级的定制品。有趣的是，这个测试的第一步是采用由施瓦茨自己创立的迈－布二氏类型指标测试（Myers-Briggs style type-and-temperament test）。“我会与我的客户进行交谈，让他们充分了解测试中包含的 4 种精神功能类型，然后依据他们自己的日常情境比较准确地确定自己的类型。”

在一系列访谈之后，施瓦茨博士开始了解客户的祖父辈：他们的种族、宗教信仰、教育水平、职业等。然后再采用不同的问题形式进一步了解客户的父辈亲属和子女，这样就可以得到“一个家族的社会史”。

施瓦茨博士之所以要了解家族史，是因为他认为家庭背景是个人职业发展的基础。“我发现自尊是职业评估和职业规划中的关键因素，人们的成功程度是由其自尊水平的高低决定的。那些自尊水平较低的人不会重视成功的价值，虽然他们了解其意义。我常常听到人们说他们害怕失败，但是我发现，害怕失败只是一个借口，究其根本其实是他们觉得自己不配成功。”

施瓦茨博士认为，一旦能终结以上那类人的这种自我认识，他就会引导客户使用由伯纳德·霍尔丹（Bernard Haldane）创立，并由理查德·鲍利斯在《你的降落伞是什么颜色？》（*What Color Is Your Parachute*？）一书中发扬光大的方法，绘制出自己人生中的亮点。从这些亮点中，客户要选择出 7 种他们最享受、最满意的经历以及主题和关系。他们需要针对每一种经历写一篇短文，分析自己在其中使用了什么样的技能，最后再确定自己最享受其中的哪一种技能。然后，客户要从中选出他们最喜欢的 10～15 种技能，组成“技能组”，再进行两两比较。书中写道：“在这一点上，客户拥有一个用于描述各种职业的任职要求的模板，然后再比对受试者是否符合其要求。当然，如果在经济衰退期，人们就不会恪守这样的任职要求，但如果他们不这么做，往往也会自尝苦果。”

施瓦茨博士的方法可能更具有普适性。但是目前，问卷调查的模式可能依然是更吸引眼球的做法。

你有多少种选择

你的天赋可能不止一种。你或许拥有很多种天资，它们会随着你才华的逐渐成熟和兴趣的变化而产生变化。特殊的天资可能会让你进入相关领域。伊丽莎白·佩恩（Elizabeth Payne）的服装设计道路可谓非常崎岖，而现在她已经是美国加州州立大学弗雷斯诺分校的服装设计系教授了。自很小的时候起，伊丽莎白就已经知道自己的天赋是什么了。有趣的是，这还得感谢那些帮助她发现天赋的人。

> 在我小时候，我的妈妈也经历了寻找自己天赋的所有过程。她一开始从事了几年的餐饮行业，然后去画了几年画，接下来又做了几年的自由职业者。我四五岁时，她正在学画画，她去上绘画课，最后就开始带班教学。我那个时候开始跟着妈妈去画画，而且一直在画。我一直觉得艺术家很酷，所以也想成为一位艺术家。从那个时候起我就立志要做一位艺术家了。

伊丽莎白成长于俄亥俄州的一个小乡村，除了母亲，没有什么人支持过她的艺术家梦想。大多数人都劝她去高中当美术老师，或者干脆去干点儿别的，把画画当个兼职就行了。因为艺术是伊丽莎白的唯一爱好，所以她一直不理会别人的建议。直到她上高中时，她的美术老师因为心脏病突发离开了这所学校，学校替补了一位美术老师，但是这位老师并没有美术功底，甚至没法批改作业。这对伊丽莎白是个不小的触动。幸好，学校里一位对美术感兴趣的英文老师看到了伊丽莎白的画，对它们的印象非常深刻，所以推荐伊丽莎白去参加当地一所大学举办的美术比赛。

这次比赛是服装设计大赛，但伊丽莎白毫无经验。不过，她发现她在美术方面的技能与服装设计师所要求的非常匹配。她在这方面非常有天资，大学4年时间，她每年都能获得这个比赛的冠军。而且，她很喜欢这一行，并将它作为自己的大学专业。在她心中，服装设计将成为自己的终身事业。

因为高中时在艺术上的专心学习，所以伊丽莎白考大学时准备申请与美术相关的院系。她发现服装设计专业通常都被设在戏剧系下面，在掌握了这一信息后，她开始了自己的征程。

> 我知道自己可以画得很好，这是我最大的优势。但是，我想要申请的专业却明确规定，申请者要掌握缝纫技巧，而且我还要能清楚地表达我所需要的产品是什么样的。所以，我整个暑假都在北卡罗来纳州一个室外小剧场的剧组中工作，学习绣商标和钉纽扣。后来，我在马萨诸塞州获得了一份服装设计的实习工作，我开始学习采购布料、如何选布料和如何找到自己想要的东西。我甚至学会了染布，以便在找不到自己想要的布料时可以自己创造。最终，我在圣塔菲歌剧院（Santa Fe Opera）谋得了一份工作。那一年，我缝了很多很多扣子。而且，我认识了一些歌唱家，并了解他们各自的性格，这样在发生意外时，我就知道该如何及时处理。因为之前我没有任何剧场工作的经验，所以我必须了解所有的一切以及自己在其中所扮演的角色。

> 大学毕业后，我接着读了研究生，这也让我最终进入了曼哈顿的戏剧圈。我开始和别人共事，但慢慢发现自己并不是一个以赚钱为目标的剧场人。我不喜欢和制片人相处，我感觉到戏剧本身对他们来说并不重要，他们关注的只是能否在百老汇演出。但是我觉得，如果戏剧本身不好，在服装和道具上投入再多都没有意义。我开始找非营利性的工作，这就意味着我可能会走上做教师的道路。

伊丽莎白向多所大学投了简历，因为她的一些工作和大学相关，所以一些大学认为她有一定的教学经验。最后，有一所学校让她去试讲。“我只是抱着去试试的态度。”她自己说，结果却意外地发现自己非常成功。她是个天生的老师，这源于她帮助他人学习的天资和她在这个领域的扎实积累。“在我选择服装设计专业的时候，我根本没有想到自己会去教别人。我觉得是因为那些行业经验，我才成了一位好老师。我不只教授理论，还会告诉学生们大千世界的真实模样。”

伊丽莎白在小时候就已经发现了自己的天资，但是她慢慢地也发现了那些自己不曾预料到的其他天资。

换个角度试一试

你可能也会发现自己目前的道路已经被堵塞，所以不得不选择其他道路。如果你处理得当，或许会发现更多自己没有料想到的天资，也会拥有更多的人生选择。

诺帕多·邦里拉肯（Noppadol Bunleelakun）早年曾遭遇了命运的不公。不公来得太快：他早产两个月，出生时不到三斤。为了让他存活下来，医生把他放在保温箱里。这样做虽然让诺帕多活了下来，但是却摧毁了他的视觉神经，他失明了。诺帕多后来去曼谷当地一家盲人学校读书，学校像对待其他孩子一样教他盲文，让他们用手阅读，完成基础教育。诺帕多 6 岁时的一天，忽然听到其他孩子在弹钢琴，他被这种从未听过的绝美声音完全吸引住了。“从此，钢琴变成了我的朋友，”他对《曼谷邮报》的记者说，“我所有的课余时间都是和钢琴一起度过的。”

一开始，老师帮助诺帕多学习弹钢琴，他握住诺帕多的手，将它们放在琴键上，试每一个音符。学习的过程很慢，常常令人感到挫败。但是，诺帕多 11 岁的时候，就已经不再需要别人帮助他弹琴了。他甚至不需要任何帮助就能过耳不忘，重弹出那些只听了一遍的乐章。

然而，此时的诺帕多必须搁置自己的音乐学习，因为家里已经没钱让他去上音乐课了，而且他的新学校只关注学生的成绩。接下来的 5 年，他很少弹琴，因为家里没有钢琴，也因此他的成绩并没有落后于班里其他视力正常的同学。后来，一位老师发现了他的天资，免费为他上课。从此，诺帕多终于走上了自己的天赋之旅。21 岁那年，诺帕多发行了两张爵士乐专辑，并且签约了泰国一家著名的唱片公司。第二年，他又发行了两张专辑。这对任何一位音乐家来说都是非常惊人的成绩，而对于一个需要克服许多障碍才能弹钢琴的人来说，简直是一个奇迹！

现在，诺帕多有两个很有名的头衔：“爵士音乐家”和“移动卡拉 OK”。前一个头衔是那些喜欢他的音乐，嫌他名字拗口的人给他取的；后一个头衔则是因为他那几乎过耳不忘、任何旋律只需听一遍就能弹奏出来的过人才华。爵士音乐家是诺帕多在曼谷上盲校时，根本没有想到过的职业，但是他努力突破失明这一生理缺陷的决心让他练就了意料之外的才华。

我们很少有人需要克服像诺帕多所面临的那种困难，但是我们有时候也会遇到其他类型的“盲目”。我们不知道自己擅长什么，因为我们不会去尝试各种可能性。你可能会错误地认定自己的天赋之路已经被堵住了，不知道还有其他什么途径可以实现它。或者，你可能早已错过了自己的天赋而不知晓。

这就引出了发现自己天资的另一个问题：你以为自己不具有某些天资，如数学、音乐、设计等，但其实只是因为你最初是以错误的方式遇到了它，或者你在学校里发现它的方法和你自己的学习方法相抵触。为了更充分地了解自己的天资，你必须仔细思考自己的思维方式和学习方法，第 3 章我们将详细谈谈这些内容。

FINDING YOUR ELEMENT 左思右想

请思考以下问题：

- 哪类活动对你来说轻而易举？
- 你觉得自己的天资是什么？
- 你是如何意识到这些天资的？
- 你有没有一些自己从未想过要去强化的天资？
- 你希望拥有哪些自己没有的天资？
- 有没有人阻碍你发展自己的天资？
- 如果你做过一些天资测试，哪些结果曾让你大吃一惊？
- 你认为如果自己努力的话，可以拥有哪些天资？

发现天赋的一个重要策略，就是尽你所能地创造各种新体验。我们本以为可以通过教育来发掘天赋，但教育却往往会阻碍我们。孩子不够专注可能是现代科技惹的祸，但不用担心，他们的天赋是不会受到影响的。

FINDING YOUR ELEMENT

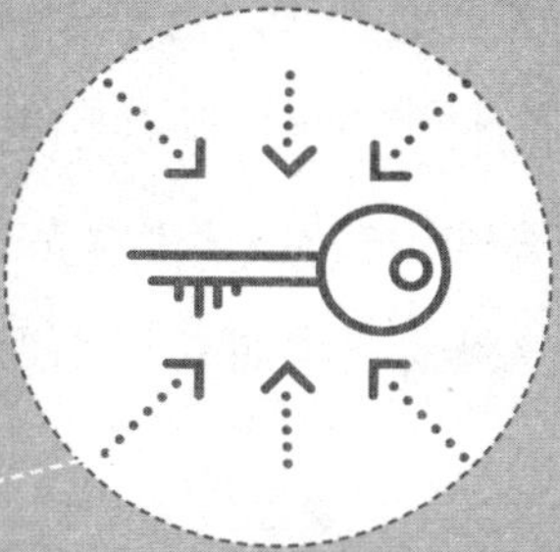

03
如何发掘你的天赋

How to Discover Your Talents and Passions and Transform Your Life

若要开发自己的天资，首先得知道自己的天资是什么。由于各种原因，我们可能对自己的天资毫不自知。在本章中，我们将进一步探讨你为什么找不到自己擅长的事情，并帮助你去寻找自己的天资所在。然而，我们要先估量一下你目前的处境。训练方法 5 将为你提供设置个人坐标的参照点，以便讨论接下来的主题。

FINDING YOUR
ELEMENT 发现天赋训练营

训练方法 5：如何发现你的天资？

在训练方法 4 中，你已经将自己做过的事情分成了 3 类："擅长""一般""不擅长"。现在，请着重关注后两类，也就是你感觉"一般"或者"不擅长"的事情，思考以下问题：

◎ 这些事情有什么共同之处？

◎ 你为什么会觉得自己在这些事情上表现得"一般"或者说"不擅长"？

◎ 你做这些事情时的体验是什么？

◎ 是否有人鼓励你适当地去实践？结果怎么样？

◎ 你是希望在这些方面表现得更好，还是无所谓？

◎ 你是否想用不同方式再重新尝试一下这些事情？

就像之前一样，围绕着这些问题进行自动书写，勾勒出你的一些想法，或用一些图片表达你做这些事情的感受，或许会有所帮助。

因为某些自身的原因，我们可能还拥有更多自己尝试过但没有意识到的天资或资质。你对这事情的评价之所以是“一般”或“不擅长”，可能是因为你处理的方式不对。我们将在本章稍后的部分中讨论这个问题。

导致你不了解自己天资的原因还有一个就是：机遇。你之前列出的全是自己曾经历过的事情。那么，你没有经历过的呢？如果你从未做过某些事情，你怎么知道自己是不是擅长呢？正如我之前所说的，天赋不是定额分配的，很有可能，你拥有一些因为没有机会实践而被埋没了的天赋；你也很有可能擅长很多事情，只是从未尝试过，甚至不知道它们的存在而已。

如果你住在远离海洋的地方，从未坐过船，又怎么会知道自己其实是个航海天才呢？如果你从未上过马背，又怎么会知道自己是个好骑手呢？如果你从未拉过小提琴、吹过小号、打过台球、做过木工和缝纫，或者从未去过实验室、玩过象棋、尝试过烹饪和园艺、与孩子们玩耍或者学法语，又怎么能知道自己是否擅长做这些事呢？

你可能拥有各种深藏不露的潜在天资，就像是地下深埋的矿藏一样。**尝试新领域的各种可能性是发现天赋的一部分。**如果你正在思索自己一生应该做什么的话，局限的视野会带来巨大的影响。

这也正是在萨姆身上发生的故事。萨姆是马来西亚的一个年轻女孩，父母让她参与了大量的活动，包括小提琴、芭蕾舞、绘画和游泳。虽然她对所有这些活动都产生了兴趣，但是因为这些活动的固定设置和项目带来的压力，让她放弃了所有活动。因为放弃,她变得容易退缩、暴躁不安,很难与他人交朋友。

之后，萨姆在电视上看到了一场叫作“对决”的街舞表演，她立刻就被这种舞蹈吸引了，并告诉母亲这正是她想学的。随后，母亲试图为萨姆找个地方学习这种充满爆发力和复杂技巧的舞蹈，一切看起来没有任何问题。但是，萨姆此时反而表现得很冷淡,她始终认为她已经错过了自己热爱且擅长的东西。不过最后，她们还是一起找到了马来西亚的一家先锋街舞的培训学校，萨姆被录取了。后来萨姆的母亲在博客中写道：

> 从那以后，萨姆每晚都在学校跳舞，上每一堂可以参加的课，学习学校里开设的各种舞蹈课程，从爵士舞到锁舞，从女式街舞到嘻哈舞……只要你叫得出名字的舞蹈，她都能跳！她几乎是学校里最勤奋的学生，似乎永远都跳不够！

萨姆由之前的闷闷不乐变得活跃起来，她常说自己找到了终生热爱的事业。这不光是她热爱的事情，也是她非常擅长的。这一点全马来西亚的人也都认识到了：萨姆组建的“hype”舞团，出现在2012年的“对决”赛场上，并进入了前12强。

萨姆找到了她擅长的事情，做这样的事情，她很快变得开心起来，并且拥有了很明确的目标。这一切都始于她去尝试了自己从前并不知道的事情，然后她的“天资开关”就被打开了！

网站设计师是如何成为魔术师的

寻找天赋必须有探索自己真正擅长领域的机会。一个很重要的策略是，**尽己所能地创造各种新体验，在内心世界和外部世界中寻求新的可能性。**当然，现实中要做到这样并不容易。在某些情况下，自我探索的过程可能会遇到阻挠和限制。

你对自己的天资毫不自知的原因，还有可能是因为你身处的文化。生理因素影响了你的天资，而文化则可能影响你能否展现和强化它们。每种文化都有自己推崇或反对的事情和生活方式，一种文化中被接纳的东西，往往在另一种文化中可能会遭到排斥。寻找天赋就需要你打破这一陈规和藩篱。

根据你的年龄、性别、性向和种族，你所处的文化可能会禁止或推崇你去做某些事情。在马修·李（Matthew Lee）的案例中，文化限制不合理，且社会对其天赋的发挥产生了阻力。

像大多数人一样，马修·李擅长很多事情。他是位网站设计高手，之前以此为生。但是，他对魔术也非常擅长，而且还有点走火入“魔”，所以他转行做起了魔术师。“我从 8 岁开始就对魔术产生痴迷了，”他告诉我，“第一次欣赏魔术是在游轮上。不到一秒钟，魔术师就将一块桌布变成了一根手杖，这一幕给 8 岁的我留下了不可磨灭的印象。”

这种印象一直持续至今，不仅不曾消褪，反而愈演愈烈。“从那以后，我没有再去想魔术这件事情。我像其他人一样上学读书，成了一位电脑工程师。有一天，我在商场看到了一个卖魔术用品的柜台。那天刚好是我大学毕业的第一天。我突然想起了小时候的那一幕。你猜接下来发生了什么？”马修在这家魔术店待了很久，并且心血来潮地买了一些魔术道具。但这个时候，马修已经规划好了自己的职业生涯，他从未想过魔术师会成为自己的职业，因为在他生活的新加坡，没有人会把表演魔术看成是正经的工作，也不是很尊重魔术师。所以，马修把这些道具带回了家，默默地在家练习，只是为了娱乐自己。

> 我发现，只要我开始练习魔术，就会忘记时间的存在。我曾经在镜子前连续几个小时一遍又一遍地反复练一个动作。这有点像“禅定”，有时我猛地望向窗外，却发现天已经亮了。我根本不觉得累，只想把这个动作练好，我深陷其中。我想知道到底是因为我喜欢它在前还是我擅长它在前，这有点类似于先有鸡还是先有蛋的问题。我想我喜欢它还是因为我擅长它，之前我可从来没有这么擅长过任何事情。

这件事情启发了马修，让他意识到自己可能拥有好几种天资。在学校里，他的成绩一直名列前茅。大学一毕业，他就在一家公司找到了一份网站设计的工作，而且客户对他的工作也很满意。不过他内心很清楚，他并没有释放出自己最强的天资。他一直在镜子前苦练自己的技巧，而他对魔术的热情也与日俱增。他萌发了在公开场合进行表演的念头。

> 网上有一个关于新加坡魔术圈的论坛。人们总是在论坛里讨论同一个问题：如果你想知道自己的魔术好不好，就去一些慈善活动上做免费表演，看看效果。我就是这么做的，我在一个由儿童癌症基金会举办的活动上进行了表演。很多魔术师参加了这次活动，而这是我第一次公开表演。到了活动现场后，我开始准备自己的东西。突然之间，紧张感莫名消失了。有魔术师问我玩了多久的魔术，他们以为我应该已经玩两三年了，但其实我才玩了6个月。

马修有很多他自己都不知道的天资，而且对魔术的热情也让他开始琢磨：

魔术可不可以不再仅仅是一种爱好。这时候，环境开始发挥作用，他的一位客户正好在经营新加坡的魔术表演，马修很快就收到了表演邀约。在很短的时间内，他从自娱自乐变成了娱乐大众。魔术表演很快就为他带来了丰厚的收入，他变成了网站设计领域的自由职业者，这样他就可以有更多时间磨炼魔术技巧了。

这种职业转变天衣无缝，马修从全职网站设计师转变为自由职业者，收入更多，也更自由了。他个人情况的确也是如此："当妻子知道我要去表演魔术时大吃一惊，因为她认为这个职业不稳定；但当她知道了我有多开心后，还是表示了理解和支持。"

然而，马修还得与新加坡对魔术职业的歧视做斗争。他是一位魔术师的事实，通常不是他示人的第一身份，对于那些与他熟识的人更是如此。他的父母也是最近才知道他的职业是魔术师的。但是，马修心里想的是怎么精进他的魔术，而不是打破文化习惯。他确实花了很多时间在魔术训练上，他常常为了实现自己的想法，或学习某个角色而熬到凌晨两三点。

> 我不敢说自己在魔术上非常有天资，佩恩和特勒（Penn and Teller，拉斯维加斯的喜剧魔术双人表演组合）才是这一行的天之骄子。我的水平刚好能让我以表演为生，我确实也做到了，而且我在练习过程中不会觉得疲倦。对我来说，这就是一个快乐的游戏。

马修的"游戏论"是以他自己从未发现的天赋为基础的。如果他没有在游轮上看到魔术表演那一幕，如果他没有在职业规划的道路上稍微偏离，进了一家魔术道具贩卖店，那么他能成为魔术师的天赋可能永远会被埋没。但是，如果没有外部条件和他逆文化潮流而行动的勇气，那么这种天资以及与之匹配的炽烈热情也不会成为现实。

突破教育的阻碍

在发现天赋的过程中，你可能会受到某些传统的影响。但是，大多数文化都有一整套与文化相匹配的系统过程，这种适应过程会对你发现或埋没自己的天资产生非常关键的影响。但有趣的是，也正是这种系统过程会让你以为自己可以通过它来发掘天资。在此，我指的是教育。

《让天赋自由》和《让思维自由》(*Out of Our Minds*)①这两本书对教育进行了大量的讨论。但是在这里，我们要讨论的是，正规教育是以哪两种方式阻碍了你对天赋的探寻的：第一，大多数教育系统只关注很少的一些天赋类型；第二，他们忽视了个体学习方法的多样化。

超越你的想象

学生在学校里主要做什么？他们大部分时间会坐在课桌前，阅读、写作、做算术，等等。为什么会这样？主要原因之一就是，学校只重视某些学习天资，他们常常将智力等同于狭义的智商。这些方面的天资固然很重要，但是学生们还有很多无法在常规考试和智商测试中展现出来的天资。

学校的这种预设所带来的后果之一就是，它们一般不会重视所谓的“非学术”内容，包括视觉和表演艺术、体育课、实践和“职业”项目等。这样一来，很多学生，包括那些学习成绩非常好的学生就都无法发现自己真正的天资所在，尤其是当这些天资都隐藏在那些被忽略的领域中的时候。

无论何时，我的哥哥德里克在学校里发展自己的天资时，都会受到干扰，而且常常会给自己添麻烦。他真正擅长的事情似乎都不在学校的课程里，也无

①《让思维自由》中文简体字版已由湛庐文化策划，浙江人民出版社出版。——编者注

法进行报告或者评分。除了在机械方面的天赋以外，他还自学了很多乐器。他在音乐上非常有天资，从 10 岁开始就在当地的教堂里演奏；长大之后，他还成了当地俱乐部和剧场里的乐手。尽管有这么突出的天资，但是他在学校里的表现依然还是很糟糕。对于很多擅长手工活和心灵手巧的人来说，学校常常“伤”他们的心。

传统教育关注的天资范围非常有限，对“障碍”的理解也非常宽泛。在 5～11 岁的 6 年间，我上的学校都是有“生理缺陷”的学生的学校，那时的学校可还没有现在说的这么委婉。我的同学对彼此的缺陷并不在意，还因为拥有相同的爱好、态度和性格成了好朋友。我喜欢那些有趣、有洞察力和敏感的人，不管他是否有生理缺陷。

在学校之外，我们也常常被自己的障碍所定义。对于某些有生理缺陷的人来说，真正的困难不是自身的缺陷，而是他人的眼光。他们之所以会被贴上“障碍”的标签，原因之一就是，社会的主流观点对“能力”概念的理解非常狭隘。这种概念理解的局限性影响了每个人的受教育水平，而不仅仅是那些有“特殊需要”的人。那些强项在学校学习范围之外的所有人都会觉得上学令人沮丧，并怀疑自己是否还有其他天资。

你的风格是什么

对能力的狭隘定义是传统教育的诟病之一。第二点就是缺乏个性化的学习风格。我之前说过，如果你觉得自己在某件事情上没有天资，就可能是因为你“遇见”它的方式不对，尤其是当你在学校里在这一方面的表现不佳时。

成年人回忆自己的学生时代时，总是对那些失败的经历投以过多的关注：

“我的理科一直很弱”“我的写作水平太低了”“我在美术课上连简笔画都学不会”“我对数学一窍不通”。但是你要想一想：你在某些事情上表现得迟钝，是不是因为老师教授它的方式与你的思考方式和学习方式不匹配呢？

我们每个人都应该有一套属于自己的最佳学习方式，而且我们的学习风格也会强烈影响我们对自己天资的认识。在一些学校里，无论什么课程，都是用文字描述、写作练习和考试来进行的，它们不会教那些视觉学习者化学，也不会教那些动觉学习者微积分。语词教学主要适用于那些适应这种学习方式的学生，但是对其他类别的学生来说则不适用。这种教学导致的结果就是，部分学生对这些课程毫无兴趣，并认为自己可能喜欢或擅长其他课程。

在很长一段时间里，我女儿凯特的化学成绩都不好。后来，来了一位新的化学老师，接着一切都改变了。凯特就这样改变了。我的女儿是这样描述她的变化过程的：

> 我算不上是最好的学生。但是，也不完全如此。我承认，某段时间我一直心不在焉。我有一段时间是个好学生，我喜欢阅读、写作、绘画、舞蹈、合唱、科学和体育，我甚至不讨厌英国范儿的校服了。很小的时候，我的数学成绩就一直垫底。在学校里，学生会被老师用不同颜色区分开来：蓝色是优等生，绿色是中等的，深绿色就是差等生了。现在回想起这些觉得很荒谬，而且始终在数学上位列末等让我对之产生了恐惧，对与之相关的东西都厌恶至极。
>
> 那时，我看到乘法表就头疼，分数也让我心惊胆战，连拨电话号码都不敢。年幼时的“数学末等生”经历无情地摧毁了我的信心。一段时间之后，我觉得自己的数学差是理所当然的，也就不再去尝试了。毕竟，我的英文、绘画和法文都挺好的，而且每周我都要上4天的芭蕾课，在那里，我开心极了！数学绝对不是我的当务之急。

直到我搬到洛杉矶，我还是认为自己不擅长数学。有一次，我的数学成绩又垫底了，这一次我甚至假装什么事情也没发生。我几乎从来不交家庭作业，大多数的课堂上我都在乱涂乱画。因为如果我不努力考砸了，那么就是因为我没努力而不是因为我不够聪明。这是一个很强大的理由,它“保护”了我很多年。但是令我吃惊的是，我的数学老师根本不介意，还给了我一个及格。很快我就发现自己位居中游了，高中时我还选了化学课。

我之前一直挺喜欢理科的，直到我发现化学中几乎所有地方都要用到数学。我之所以喜欢理科，是因为理科可以画一些水循环的图片，可以制作一些像船一样能漂在水上的东西。但是，元素周期表和化学分子式里的数字数不胜数。事实上，我很害怕化学。学期中的化学考试，我出局了。这意味着在高一接下来的时间里，我有了额外的自由时间，我觉得自己真是太聪明了！问题解决了！但到了高二，我才发现自己还得重修高一的化学课程。

我的新老师米勒小姐走进教室，开始上课。整堂课我都在和邻桌的同学传纸条。第一次考试，我又没有及格。我想，应该没有什么问题吧，米勒小姐也没什么了不起的。但是，不同于之前的所有老师，米勒小姐注意到了我这个非优等生的不及格，她把我叫到办公室,对我总坐在教室后排,而且不完成家庭作业的行为表示了不满。她说，对我这样一个有天资的人来说，我的行为和态度是不可接受的。我感到羞愧难当。接着，她问我是否愿意答应她的条件：她愿意利用课外和午餐时间为我补习，但是我必须坐到教室的前排并全心投入化学的学习中。我能怎么做？当然只能同意了。

接下来的那个星期我们就开始了。我每天都去米勒小姐那里复习和预习功课。我很快就有了进步。我发现，一旦开始集中注意力，我竟能奇迹般地学好化学。更让我吃惊的是，我居然喜欢上了化学！我不仅成了班里成绩最好的学生，能辅导其他同学的学习，甚至还考虑选化学为大学专业。我开始期待化学课和化学作业了，我的实验记录非常漂亮，化学方程式中也没有纰漏，我不再害怕数字了。

我迷上了化学，这一切都是因为米勒小姐意识到，既然我能在其他科目上取得好成绩，那么如果我在她的课堂上不那么明目张胆地偷懒的话，同样也会取得好成绩。而且，米勒小姐也认识到，我在传统的课堂情境设置下是没有办法学好的，所以愿意花时间将每一堂课的内容都在私下重新教我一遍。

米勒小姐没有放弃我，也拒绝让我放弃自己。这样做的意义不仅体现在我成绩的提高上，而且也让我的信心开始增长。如果不是米勒小姐，我可能一辈子都活在学习化学失败的阴影下，我就是做不到。她教给我的不仅是化学，还教会了我：不管什么事情，只要我真的努力就可以做到。这一点影响了我人生的各个方面。

那么，你的学习风格是什么样的？我们有很多种方法去思考这个问题。很多证据都表明，**人们拥有各种各样的学习风格，但是专家对各种风格的定义都有所不同。**教育理论家大卫·库伯（David Kolb）相信，一个人可能会是聚合型学习者，如拥有很强的实际操作理念，学习风格十分理性，兴趣点往往比较集中；也可能会是发散型学习者，如富有想象力，有很多想法，能从不同角度思考问题，兴趣非常广泛；可能会是同化型学习者，如擅长创建理论模型，有很强的归纳和推理能力，更关注抽象概念而不是个人；也可能是适应型学习者，行动力非常强，很乐意接受任务，能随机应变应对突发情况，是天生的问题解决者。

理查德·菲尔德（Richard Felder）与他人共同开发了学习风格类型（Index

of Learning Styles)。他提出，我们的学习风格可以分为 8 种：活跃型学习者通过某种模型或者通过向别人讲解来进行学习和内化；反思型学习者喜欢在解决问题之前进行思考与分析；感觉型学习者更喜欢了解事实，而且更擅长处理细节；直觉型学习者喜欢分析不同事物之间的关系，很喜欢抽象概念；视觉型学习者能准确地记住自己看到的事物；言语型学习者则更擅长书面和口语的阐释；序列型学习者习惯于逻辑顺序分明的学习过程；整体型学习者会有认知上的跳跃，他们会不断学习直到“搞懂”为止。

“瓦克”(VARK)模型①是由尼尔·弗莱明(Neil Fleming)发明的，一种以简短问卷形式为基础的学习风格指导。它将调查参与者分成 4 种学习偏好型：视觉型，指偏好图表、地图等视觉信息；听觉型，指从演讲、报告录音和讨论等途径获取信息；读写型，指从图书、网络、PPT 等文本信息中获取信息；动觉型，指通过具体的个人体验获得信息。

这些学习风格的测试工具能让你发现自己不自知的学习风格。在了解自己的学习风格之后，你就可以着手强化自己擅长的学习方法。虽然库伯、菲尔德和弗莱明为我们提供了三种不同的学习模型，但是他们的理念有两点是共同的：第一，几乎没有什么人会始终采用同一种学习方法，我们每个人在学习时都会或多或少地使用各种方法；第二，大多数人都有初始状态，我们的学习可能是视觉型、听觉型、读写型和动觉型的混合，但只有当我们找到一种令自己舒服的学习方法时,学习的体验才会最强烈。如果你的视觉学习能力是最强的，那么老师讲课时你就会昏昏欲睡，而一旦他开始写板书你就会精神抖擞。

对于不同的学生来说，一个老师可能讲得太多了，或者板书太少了。你是

① 下载“湛庐阅读”APP，“扫一扫”本书封底条形码，获取更多有关“瓦克”问卷的精彩内容！——编者注

不是一直都难以对历史课提起兴趣？这可能是因为你是视觉型学习者，但是没有谁能让你“看见”那些过去发生的事情。你是不是很容易对手工活失去耐心？这可能是因为你有读写型的学习倾向，从未想过要去体验动手能力背后的原理。

很多人希望拥有作诗、平面设计、调酒或者其他一些才华，但是因为我们开始学习它们时感觉很差，所以之后一直在回避它们。摄像机的销售员告诉你，唯一需要做的就是用手握住它；教你编织的朋友不向你解释编织的原理，就直接开始使用棒针织起来。如果这些体验都不能与你偏好的学习风格相匹配，那么你很有可能只学到一些皮毛。

最近，有位朋友告诉了我他女儿在大学学统计的故事。她在高中时就一直很害怕数学，直到高三时才拥有大学所需要的数学基础。她第一天走进统计学课堂时就战战兢兢，以为整个学期都将在煎熬中度过。但是，她的统计课教授没有用方程式和定理打击她，而是给她讲了统计学中的很多应用实例。这个姑娘可能会被菲尔德定义为“直觉型学习者”。她终于发现了这些案例和它们背后的数学原理，从小学以来第一次“理解”了数学运算所蕴含的逻辑。这种经历虽然未能改变她从事新闻工作的理想，转而去攻读数学博士，但是却帮助她在统计课上取得了好成绩。

可见，培养能力的关键在于接受自己的学习方法，并用这种方法尽可能多地开发自己的兴趣。如果你相信学习方法是学习能力中最重要的一部分，那么就能将它应用到所有你感兴趣的学科中去吧。

专　注

如果孩子们无法投入到自己的学习方法中去，他们的校园生活就会受到影响，比如大家所说的“多动症”，即注意力缺陷多动障碍（ADHD）或注意力缺陷障碍（ADD）。不要误解我的意思，我并不是怀疑多动症不存在，这已是医学专业人士的广泛共识，我只是质疑它的诊断率。

2007 年，全世界有 5 400 万名 4 ~ 17 岁的孩子，其中 10% 孩子的父母报告他们的孩子被诊断为多动症。2003—2007 年，由父母报告的孩子多动症诊断率增长了 22%。多动症的诊断率在 1997—2006 年间，每年平均增速为 3%；2003—2007 年的每年平均增速则达到 5.5%。这对于医药公司来说，当然是个好消息。据艾美仕医药市场研究公司（IMS Health）出具的调查显示：2010 年，美国医生开出的多动症药物的处方共有 5 150 万张；药物的总售价达到 74.2 亿美元，相比 2006 年的 40.5 亿美元增长了 83%。

那么，多动症增长的真正原因是什么？饮食可能是原因之一，尤其是加工食品和含糖饮料。另一个原因可能是数码产品的强大吸引力。在电脑前待上几个小时，孩子们的注意力会不停地改变，而且一直在不停地进行多任务处理。这两个原因可以部分解释多动症诊断率的上升，不过，我相信肯定还有别的原因。

现在，注意力不足和多动症已经成了美国的基本国情，一旦孩子们表现出无精打采或不够专注，有人就立刻“摩拳擦掌”地在准备开药方。有些孩子可能是真的病例，但也有些并非如此。一些研究表明，很多情况下，注意力不足和多动症的诊断过程都太简单了。

而且，很多孩子在学校里的无精打采或者焦躁不安，不是因为他们有问题，而是因为他们只是孩子，学校要求他们做的事情确实很无聊。我记得美国好莱坞传奇喜剧女星菲利斯·迪勒（Phyllis Diller）曾说过，孩子们 3 岁前我们要教他们说话和走路，但是接下来12年却叫他们闭嘴坐下。如果他们真的做不到也很正常，因为孩子们有着非常旺盛的精力，和对周围世界强烈的好奇心。

我常问那些自己的孩子被诊断为多动症的父母：孩子是否很难集中注意力。答案常常是否定的。一旦他们开始做自己喜欢的事情，常常可以目不转睛地待上几个小时，他们可能是在作曲、写诗、和小动物玩耍或者做实验。在自己的天赋上，他们没有丝毫多动症的症状。如果父母、老师等都能采纳或按照更广义的学习风格去行事，我相信大量的多动症病例将会恢复。

另辟蹊径的意外之喜

为了发现自己的天赋，我们必须质疑对自我的看法。不管你有多大年纪，你一定会认定自己可以做哪些事情，不可以做哪些事情；你擅长哪些事情，不擅长哪些事情。你的判断可能是准确的，也可能会对自己做出误判。要弄清你现在的位置，就要去思考你为什么会是目前的状态。所以，如果你怀疑自己在某些方面的天资，那么想一想你的怀疑是怎么形成的。有没有去发展这些天资的其他方法，能让你乐在其中而且会带来意想不到的惊喜？那些你从未使用过的天资呢？你如何才能发现它们？带着你的这些疑问，试试训练方法6。

FINDING YOUR
ELEMENT 发现天赋训练营

训练方法6：挖掘你的天资

◎列出所有你看到他人拥有，但不知道自己是否拥有的天资。

◎着重标记出你最想培养的天资类型。

◎列举出可以培养这些天资的活动。

◎圈出你愿意尝试的活动类型。

◎ 列出你尝试这些活动的实际操作步骤。

做真正的自己

发现你潜在的天资会对你生命的改变产生非常深远的意义。汉斯·季默（Hans Zimmer）曾为 100 多部电影配乐，而且多次斩获奥斯卡和格莱美的最佳配乐奖。他曾为《狮子王》《黑暗骑士》《角斗士》《盗梦空间》等经典影片配乐。他在德国和英国长大，在他就读过的学校里都算得上是问题学生。他先后去过 5 所学校，但是最终，如他自己所说，都被这 5 所学校“开除”了。他在课堂上总是焦躁不安、无精打采或者干扰他人，整个学生生涯他都是心不在焉且极其痛苦。如果那时他被诊断为多动症而且有治疗药物的话，他肯定得接受药物治疗。事实上，一直能吸引他注意力的是音乐，不是学校的音乐课，而是他自己在家创作的音乐。他的家中总是充满音乐声，他总是坐在钢琴前作曲。

汉斯在决定当摇滚歌手后，就立刻退了学。他参加过很多乐队，直到 20 世纪 70 年代，他才在一个叫作“巴格斯”（The Buggles）的乐队里获得了成功，得到了经济上的回报。这支乐队的《录像杀死广播明星》（*Video Killed the Radio Star*）也成了当时的流行曲目。

那时，汉斯从未想过要为电影配乐，因为他不会记谱。他生命的转折点是有人找他帮忙用慕格（Moog）电子音响合成器合音，这对他来说不亚于一场启蒙。他发现自己对这种声音非常有感觉，并被它的无限可能性而深深吸引。

在为一些商演和电影进行配乐后，最终，汉斯·季默来到了好莱坞，慢慢成长为全球顶尖的故事片作曲人。全世界的导演都渴望能在自己的电影中，加入汉斯那充满激情和力量而又极其细腻的音乐。

汉斯在圣塔莫尼卡的工作室里将各种高科技与老物件相融合，就好像美国宇航局任务控制中心和乡村老图书馆的结合。当我们坐在他那高清大屏幕和众多电脑前时，他告诉我们，他还是不会记谱。

> 但是如果你把我推到电脑前，呈现出计算机音乐语言，那么我就能立刻将它即兴演奏出来。我认为我们每个人都有使用各种系统的方法，让它们为我们服务。如果要做一些无用功，做就是了。我认为自己正在做的另一件非常重要的事情就是：我一直在享受音乐。

汉斯很小的时候就开始弹钢琴，而且差不多同时就可以开始作曲，不记谱对他来说并不是什么障碍，更有可能是一种优势：这让他对音乐的认识没有受到音乐老师的影响和束缚。汉斯虽然师从于“大师”，但却并不是从那些传奇的古典音乐家，而是从伟大的建筑师那里获取灵感。

> 我对模型、形状和建筑结构很有天资。诺曼·福斯特（Norman Foster）和弗兰克·盖里（Frank Gehry）这样的建筑大师是我的灵感来源。我喜欢深入观察他们的作品，看他们是如何将事物组合起来的。当我通过电脑欣赏自己的音乐作品时，不是歌谱形式，我会体会它的形状：只要形状和模式对了，听起来就不会错！我非常喜欢诺曼·福斯特对德国国会大厦的改建，他把一个臭名昭著、丑极了的德式老建筑改造成了令人称奇的现代建筑。他将现代和传统进行融合，这正是我对自己音乐的看法。我的意思是，我一直想要在传统的德国

音符里融合进现代技术，比如把摇滚乐和电子音乐融入其中。

这件事情非常有趣，因为人们会问：哪些作曲家影响了你？我可以说几乎所有的作曲家都对我有所影响。但是我也可以说出很多建筑师的名字，他们虽没有影响我，却启发了我。我们最需要的是启发我们的人，而不是那些影响我们的人。

对汉斯·季默来说，音乐不只是一种热情，更是实现人生价值和成就的途径。为了找到这条路，他曾不得不克服很多刻板印象，包括学习智商与成绩、音乐和作曲的传统技术。音乐在他的生活中非常重要，他对音乐的热爱毋庸置疑，但是他独一无二的成就来源于他听从了自己天资的呼唤，愿意顺应召唤他的力量去探索各种开创性的领域。

FINDING YOUR ELEMENT 左思右想

请思考以下问题：

- 你的最佳思维方式和学习方式是什么样的？
- 是否有人说过你适合做某种你从未想过要去做的事情？
- 你有没有避免尝试那些你自以为不擅长的事情？
- 你有没有试过用新方法来学习那些自己不擅长的事情？
- 有没有什么事情会让你觉得，如果你能以恰当的方法去做，就可以变成你的特长？

顺应天赋不只是做自己擅长的事情，还要热爱它。此外，我们还要跟自己的心灵能量建立连接。无论如何，忠于自己的心灵以及通过正念而获得的积极情绪，都是发现天赋的重要保证。

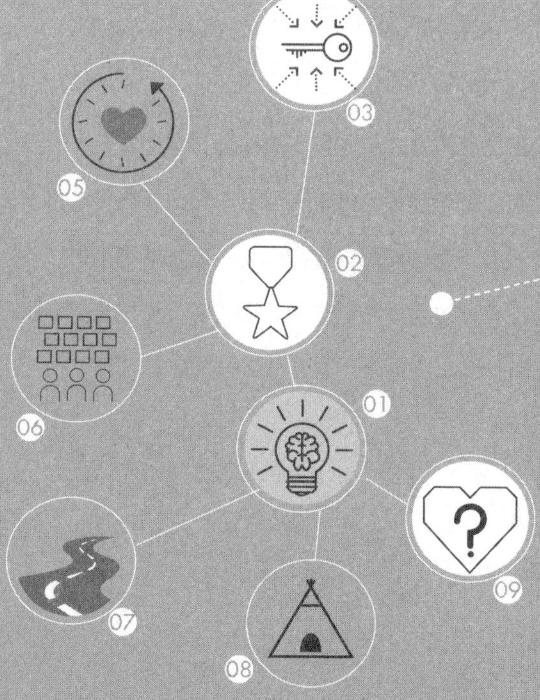

FINDING YOUR ELEMENT

04 你的最爱是什么

How to Discover Your Talents and Passions and Transform Your Life

如果你一直坚持做书中的练习，并进行积极的反思，那么你可能已经清楚地了解到自己的天生优势和弱势是什么。但是，顺应天资不应只是做自己擅长的事情，还要有一份热情，或者说你还应该热爱它。那么，什么是热情（passion）？发现自己的热情有什么意义？你又怎么才能发现它？

在与我讨论天赋的所有人中，很多人都对“热情”这个概念怀有些许疑问。对有些人来说，热情意味着两眼放光，心跳加速，但会好奇这样的状态能持续多久。对另一些人来说，热情的概念则带来了以下一系列问题：

- 如果我对什么都没有热情，怎么办？
- 如果我热爱那些我并不擅长的东西，怎么办？
- 如果我热爱的东西可能会受到道德的谴责，怎么办？
- 谁会天生喜欢打扫厕所这种脏兮兮的工作呢？
- 我如何知道自己已经找到天赋了呢？

在本章中我将回答这些问题。为了回答这些问题，我首先要解释一下我所认同的“热情”的概念，它与爱、精神等概念的联系以及它与天赋的真正关系。

首先，请思考一下自己以及自己爱做和不爱做的事情。我们要在对自身天赋了解的基础上进行训练方法 7。

FINDING YOUR ELEMENT 发现天赋训练营

训练方法 7：你喜欢什么？

◎ 先来看看你在训练方法 4 中列出的你所擅长的事情，再看看你的天资可以运用于哪些活动中。可以根据训练方法 5 的回答，或者你的想法来进行列表的增减。

◎ 问问自己，在你擅长的这些事情中，你喜欢、觉得无所谓或者不喜欢的是哪些？

◎ 像之前一样，用彩笔分别标记出这 3 类，并突出那些你认为自己擅长的事情。

◎ 在另外一张纸上，画上 3 栏或者 3 个圈，标上“喜欢”“无所谓”“不喜欢”，然后将你擅长的事情分别填进去。

把这张纸放在手边，本章还要用到它。现在，我们要通过另一个故事来阐述“热情”的概念。

感受热情

大多数人会觉得让一个 4 岁小孩拿着锤子是非常危险的，因为小孩子可能会用它来破坏东西，也可能会不小心伤到自己。然而，爷爷给了艾米丽·卡明（Emily Cummin）一把锤子，它不仅没有带来灾难，还点燃了她的热情。

> 我小时候常常跟着爷爷待在花园中的小房子里，看他怎么把边角料变成我和表弟的玩具，一待就是好几个小时，我对他的发明创造力无比崇拜。稍大一些后，爷爷就开始教我做这些了。一开始是将钉子钉到工作台里。到中学时，我已经学会了怎么用机床给自己做玩具。摆弄这些边角料让我深深着迷，我不仅体会到创造的乐趣，而且玩这些自己创造的玩具更像是一种对自己的奖励。

艾米丽很快发现了自己的热情，尽管此时的她还很小，根本就不知道“热情”这个词。她像触电一样接触到了自己热爱的东西，再也没有什么别的东西能吸引她了。

> 爷爷激发了我的创造力，我希望它永生不灭。爷爷让我做其他小孩子不能做的事情，让我做把东西进行解体和复原的实验。他不会为难我，会让我用不同的方法去做各种东西。当他看到我的热情之后，会更加尽心尽力地引导和鼓励我。他教会我使用各种器械，而且对我很放心。我也犯过错，我曾在圆盘砂磨机上磨手指，但我很难解释其中的那种兴奋！如果没有爷爷的鼓励，我不会知道这些技术，因为我在学校里根本接触不到这些。

到艾米丽读高中时，她已经开始参加各种科技竞赛了。她的目标也越来越高，从前是用新奇的方法为她自己和表弟做玩具，现在则是希望用技术去解决现实世界中存在的问题。在她参加的第一次大赛中，她想为外公做一个自动挤牙膏机，因为外公患有关节炎，连挤牙膏都很困难。

比赛后会有很多专家对我进行点评。我害怕极了，因为我一直不善言辞。做完报告后，专家们开始批评我的设计。突然，我的心里冒出了一个从未有过的声音：我对自己的设计非常自信和热爱！所以，我表达了这一信念。最后，我赢了，因为专家们认为从我的作品中看到了真正的热情，这是在其他学生那些玩具类作品里看不到的东西。

在上大学前参加的最后一场比赛中，我决定全力以赴。我打算做一台不用电的冰箱。我的老师很担心，因为她知道这是我进大学前的最后一步。她对我说如果这一步失败了，我就会很麻烦。对我来说，这正是我梦寐以求的一次挑战。

我全身心地投入了这一次比赛，我走进企业，做研究。我相信自己可以做到。最后，我终于研制出了一台靠蒸气运作的冰箱，而且这台冰箱运行了很多年，我这是发明了蒸汽机啊！冰箱的原理就是热量转化，如果你有一个完全干燥和干净的封闭隔间，你甚至能用脏水去冷却你的东西。

这个设计取得了巨大的成功，但是艾米丽的老师不幸言中了她坎坷的大学之路。正当她以为学校会非常乐意接收她的时候，却发现自己的心思根本不在入学上面。然后，她申请了大学延迟入学，并告诉父母她要去非洲创造更伟大的发明！

我写了一份商业计划书。之前从来没有写过，我拿着自己非常简单的计划书去找商业课老师。我凭借自己的热情和必胜决心成功募捐到了 5 000 英镑的启动资金。因为当时我才 18 岁，所以我不得不做一些义工以便与父母达成“交易”。然后，我去了纳米比亚，与一个开青年旅馆的人合作，他带我去了纳米比亚的一个镇子上测试

> 我发明的冰箱。我没敢告诉我的父母，因为他们知道了会担心我。我在镇上教大家就地取材做这种简易冰箱。我开始与当地的家庭主妇们有了一些友谊，她们也开始扩散这种概念。现在，我的冰箱已经遍及纳米比亚、南非、津巴布韦和博茨瓦纳这些地方了。

艾米丽·卡明很小的时候就发现了自己热爱的东西，并且把这种热爱发扬光大。关于热情的本质及其与天赋的关系，艾米丽与本书中其他人的故事对你有什么样的启发呢？

什么是热情

英文中的“passion”一词，说起来还有一个非常有趣的故事。“passion”一词来源于古希腊词汇“paskho”，本义是“承受”或“忍受”。从这个意义上来说，它符合基督教徒们对耶稣的热爱。但是随着时间的推移，这个词几乎有了与本源完全相反的含义。现在，“热情”表示个人与某些事物之间的深刻吸引力，一种能产生深深的喜爱和满足感的强烈联结和热忱。热情是爱的一种表现形式，所以那些顺应天赋的人总会说，他们热爱自己所做的事情。

世上还存在多种形式的爱，比如爱情、性爱、友爱以及对某些地方、事物和活动的爱。在英文里，“love”表示一切吸引你的东西，从甜甜圈到未婚夫，不一而足。如果你发现了自己的天赋，你的爱会是哪一种呢？

幸运的是，一些语言能帮助我们进行更好的区分。例如，在古希腊文中，有 4 个词能表达爱：“agape”表达的是对一般人的友好，以及对我们所尊重的人的友好，在英文里，与之相近的词是“charity”（仁慈），本意就是对他人无私的爱；“eros”是浪漫之爱和他人所散发出的性吸引力；“storge”指的是父母与子女之间的自然之爱，以及我们和自己所珍爱的人之间的爱，包括一些好朋友之间的爱；“philia”是对他人的友谊与忠诚，以及某些事物对我们的自然吸引力。

我们很难清楚地区分古希腊文中所提及的4种不同类型的爱，因为自古以来它们的使用范围都不是完全独立的，而是互有交集。尽管如此，“philia”这种爱还是最接近我们对烹饪、考古、运动等事物的喜爱之情，只有它能激发我们的热情和能量。可见，关键词是“能量”。所有生命都有能量：**没有能量就没有生命，热情就是积极的心灵能量的威力。**

身体能量和心灵能量

在你寻找自己的天赋时，有必要学会区分两种能量，即使它们紧密相关，这两种能量就是：身体能量和心灵能量。

身体能量与你的身体健康程度以及你对健康的关注程度有关。如果你过度酗酒，沉迷于某些药物，不锻炼或作息没有规律，那么最终你的身体会让你“知道”的。如果你患有某种生理疾病，那么你的身体能量也会相应受到损伤。而运动水平也会影响能量，不管你有多么健康，参加完马拉松赛后的能量肯定会比你开始前的能量要少得多。

无论你的身体状况如何，一些其他因素也会影响你的身体能量。它们和你的动机、情绪和感受、生活观念和目标意识有关，它们和你的精神有关。所谓“精神”，我指的是你拥有的独特的生命力量：在哪些方面你会斗志昂扬，而在哪些方面你又会萎靡不振呢？

在一天中，身体能量会随着你参与的活动、你的情绪与感受的变化而高低起伏。如果你做的事情是自己喜欢的，那么一天下来你虽然身体疲惫，但却会感到精神焕发；如果你一天都在做自己不喜欢的事情，那么虽然你的体力还好，但士气会很低落，似乎需要补充点儿能量。热情，就是增加你的心灵能量，而不是消耗它。

我其中一个哥哥伊恩是一位伟大的音乐家。从 14 岁起，他就在摇滚乐队里当鼓手，而且他的键盘和吉他也弹得非常好。音乐是他生命中最大的热情，却没有成为他主要的收入来源。所以，他在经营自己生意的同时，没有放弃音乐梦想。在他的生活里，他始终独自或者和乐队一起巡回演出，常常会表演到很晚，过了午夜才长途跋涉回家。而他很清楚，第二天自己还是要早起去上班。即使是很晚下班回来，他还是要在自己的工作室里待到凌晨，反复地弹琴、听歌和练习。对于伊恩来说，没有音乐的生活是不可想象的。哪怕在身体极度疲惫的时候，音乐都能为他的精神加油。

我们无法简单地将所有的活动单纯地分成两种：提升精神的和不提升的。因为大凡你能想到的活动，总会有些人喜欢，有些人不喜欢。比如，我非常讨厌逛街，但是我周围的一些朋友或家庭就只爱逛街。我的一位朋友因为太爱逛街，甚至拉客户陪她逛街，帮她挑衣服，这在我看来简直无法想象！如果换作是我，第一次逛完我就会蠢态毕露，以至于失去客户。

即便你随便说一种活动，总会有人爱得要死，也总会有人恨得要命。我曾在 Twitter 上问："在你认识的人里面，有没有谁热爱那些你无法忍受的工作？"不出所料，我得到了大量回复，而各种各样的答案则完美地说明了这一点。有人很快就回复道："我的直肠科医生！"你可能已经猜到了，我真是耗费了很大的心灵能量才能让自己不去想象这些人所描述的画面。直肠科是医学世界里非常重要的一部分。直肠癌是人类的第三大癌症,它的前期排查非常重要。所以,我根本无法想象没有直肠科医生的世界。而大多数直肠科医生都会告诉你：他们热爱自己的工作。也就是说，没有一种职业是普适的。

一位女士说，她有一个朋友非常喜欢自己的下水道修理工的工作。虽然这种工作不会受到普遍的欢迎，但是这个朋友却很热爱它。还有一位女士说，登山和穿越丛林是她的梦魇，但是对于另一些人来说，户外运动是矢志不渝的人生梦想。她的话让我想到英国著名表演家马蒂·凯恩（Marti Caine）曾对我妻子特里说过的话:“如果你不能穿着高跟鞋表演，那我肯定不会捧场！”

网友们的其他答案还包括：会计师、律师、护士和警察等。也有很多人说他们很喜欢这些工作。有趣的是，出现频率最高的一个答案就是“教师”。很多人说他们喜欢当老师，但同样也有很多人说，如果要让他们做这份工作的话，他们肯定不会待超过一个星期。几乎所有承认自己非常喜欢做老师的人都说，他们有很多朋友都不想从事这份工作。一位老师这么写道：

> 我一直在问自己一个问题，这也是一些高年级学生和我的朋友问的:“为什么做老师？为什么要选这种职业？”我一般会反问道:“为什么不呢？我为什么就不能当老师呢？我为什么不能做自己真正喜欢的事情呢？”这就好像去问我的父亲和祖父“为什么务农”一样，他们在年轻时就找到了自己热爱的事情，他们擅长于此，就选择了它。不是要多有钱，或者在同龄人里成为佼佼者，而只是因为他们热爱自己的工作。他们甚至没有考虑过这些：这就是能最直接表达自己的方式。我的祖父现在已经 82 岁了，依然坚持去干农活。82 岁啊！无论刮风下雨，他都拖着自己钛合金的双膝和髋骨出门，哪怕

他的双肩已经完全失去了力量。他疯了吗？我的祖父是老糊涂了吗？不。劳动就是他生命的一部分，如果他停止劳动，就会丧失这一部分自我。

关键在于，你要去发现自己的热情，而顺应天赋就是要连通你自己的心灵能量。接下来我们再看一个案例。

吉他英雄，艺术匠师

艾米丽·卡明在她很小的时候就发现了自己所热爱的东西。不过，兰迪·帕尔森斯（Randy Parsons）就没她那么幸运了。兰迪读高中时，他的朋友都认为他会成为一位摇滚明星。成长在西雅图的兰迪，是一个从同龄人中脱颖而出的优秀吉他手。但直到大学毕业时，他依然认定自己不可能登上大舞台，因为他无法成为一位充满爆发力的表演者。他很热爱音乐，却看不到出路。当步入成人世界时，他离开了自己的吉他世界。这一次，是彻底离开。他卖掉了自己的吉他，参了军，最终找到了一份在执法机关内的工作，不再回首往昔。唯一不能平息的就是他的感受。

> 我闷闷不乐。我想我和大多数人一样，丧失了内心深处的某种东西。我也能理解，这就是生活。我必须昂首挺胸，妥善处理好这一切。我变得不像自己了，这就和你明明知道要和错的人结婚，但是必须承受一样。有一种空洞的声音在催促我做回自己。我拼尽全力，但我总是感觉很遗憾。我在这个城市生活了5年，总有一种隐约的声音在告诉我，这不是我想要的生活。

兰迪完全可以凭借当下所从事的工作，顺利地度过余生。他很擅长自己的工作，老板也很喜欢他，未来他还有晋升的空间。他也可以劝服自己，生活没有激情又能怎么样呢？还好，他没有向这样的生活投降。

> 有一天在洗澡时，我的整个未来突然闪现在我眼前。这真的是天赐的礼物，因为就是在那不到一秒钟的闪念之中，我不仅看到了自己的未来，还看到了我应该如何去找寻自己的未来。我看到自己会成为一位吉他工匠，为我心中的大明星做吉他！这一愿望太清晰了，让我不寒而栗。我匆匆擦干身体后，开车去一家五金店买了一些工具。我甚至不知道自己应该买什么。当时，我的信用卡上还有3 000美元的额度，我买了一把1 000美元的手锯，还买了几筒胶和一把锤子。我回家之后立刻去了地下室，将它改造成一间木工房。毫不夸张地说，我一个人在地下室整整待了两年时间，终于摸索出了吉他的制作方法。

兰迪以前根本不知道自己还有成为享誉全球的制琴师的天资，他在手工艺课上的表现向来平平。但是，他同样无法遏制自己要将洗澡时的闪念变为现实的热情。接下来两年里，他所有的业余时间都在地下室锯木头：当琴体有可能出现错误后，他会用另一块木头重新开始。“我的家人在想我为什么不接着把琴做完，我说，‘我不在乎是否能做完这些吉他，我能做到什么程度就是什么程度，一个毁了，我就重做下一个’”。

两年之后，兰迪依然没能做好一把吉他。但是，他觉得自己已经可以在当地的乐器商场里开一家吉他维修店了。所以，他辞掉工作，取出自己的存款，开始了全新的事业。同时，他也没有停止做吉他，并沉浸于自己的吉他师生活中。他相信弗拉明戈吉他是最纯粹的吉他，所以决定吃墨西哥食物，开始学习西班牙语，以便拥有最地道的思维。他请当地的一位大学教授教自己西班牙文，教授问他为什么要学习，兰迪如实以告。让兰迪惊讶的是，这位教授不仅认识传奇琴师博阿兹（Boaz，兰迪知道他是“吉普赛摇滚明星吉他琴师”），而且还知道博阿兹最近来到了塔科马市，要做一批几乎无人知道如何制作的特殊吉他。

> 第二天，我就开车去了塔科马市给博阿兹做助理。他为我讲解了从了解木头到如何使用木头的知识。如果没有在地下室研习的那两年，我根本听不懂他在说什么。因为我有底子，所以非常理解他说的所有东西。他很照顾我，教会了我所有遗失的艺术秘密，比如如何用嘴尝出木头是否适合做吉他，要知道，如果树汁富含糖分，做出的琴的音色就会很不错。

除了经营维修店，兰迪在那一年的大部分时间都在跟着博阿兹学习。店里的生意和他的手艺都让他自己很满意。他想创立自己的品牌并销售自己的作品。当美国乐器连锁店“吉他中心”（Guitar Center）在西雅图开店时，兰迪看到了他的产品的巨大市场。

> 这家连锁店的隔壁有一间空的库房，我跟他们说我想改造其中的一部分，反正他们也用不着。连锁店的人很抵触这种想法，但是他们同意让我去看看。我进去拍了一些照片。这个时候，我已经有了名片：黑底，顶部有一些红色条纹。库房里有人挂起了一大块黑色油布，顶部还有红色的横幅，这不就是挂着我的名片嘛！我立即决定就在这里开启我的事业！

不到一个月，兰迪就在这个库房中开起了自己的店铺。就是从这里开始，帕尔森斯吉他享誉全球。“白色条纹乐队”（White Stripes）的杰克·怀特（Jack White）是从兰迪手里买吉他的第一位摇滚明星，他甚至在戴维斯·古根海姆（Davis Guggenheim）执导的纪录片《吉他英雄》（*It Might Get Loud*）里提到了兰迪的名字。从此以后，订单纷至沓来。“当我还是小孩子的时候，吉米·佩奇就是我的神。两年之前，我在加利福尼亚，坐在他的酒店房间里，给了他一把琴。而现在，我正在为他做另一把琴。”现在，兰迪在西雅图地区已经开了5家吉他连锁店。

很多年前，兰迪·帕尔森斯还不知道自己热爱制作吉他。现在，他已经是世界上最伟大的制琴师之一了。对他来说，这是一种命中注定的隐喻。

> 你应该找到自己深深热爱的东西，这样你就会努力成为最棒的。我不在乎自己是否因此贫穷或富有，无论如何我都要做这个。这就是召唤我的声音，这就是让我幸福的事情。当在地下室锯木头时，我真切地感受到有什么力量抓住了我的手，告诉我怎么做。毫无疑问，我走向了自己应该去的地方。

如果你问兰迪，他17岁的时候最喜欢做什么，他可能会说自己喜欢弹吉他。但是，兰迪有了更深的热爱，在他梦想成为摇滚明星时没有发现的另一种热爱：他爱的是吉他本身。一旦发现自己热爱的东西，他就能创造出让自己整天沉浸其中的生活方式。正是忠于了自己的热情，兰迪做到了忠于自己的感受和心灵。那么，心灵是什么？

忠于心灵

我们生活在两个世界里：自我意识的世界以及他人与事物存在的世界。一般意义上，我们认为自己都拥有基本的“自我”。我是通过自己的生活经历知道这一点的。我的自我意识是源源不断的想法、感受和情绪。意识水平拥有不同层次：自主意识和非自主意识，例如在电视机前的慵懒、对重要对话的关注等。

尽管它们都不一样，但是我相信仍然有一个一致的“我”、一个“自我”，一个经历与知觉这一切的人。“自我”是什么呢？你是否意识到了自我的存在？或者你的自我意识是什么？归根结底，意识是什么？

通俗地说，意识就是你睡觉时没有、醒着就拥有的东西。往深一点儿说，意识就是你存在的基础，也就是你的心灵。当我们讨论人的心灵时，通常会使用三个词：“思维”、“人格”和“意识”。想要界定它们很困难，因为它们在很多方面都存在着重叠。在此，我简要介绍一下我对它们的界定：“思维”指的是你自己知道，而且能在醒着的时候进行控制的想法、感受和知觉；“人格”就是你对自己和周围世界的看法和倾向；而“意识”则指的是你对自己作为生命体的根本认识。

从这个角度上来说，“意识”的概念比“思维”和“人格”更为宽泛。思维和人格都是你意识的一部分，但又不是意识的全部。在某种意义上，思维上的一贯想法和人格上的先见都可能会阻碍你更深的体验和意识，使你真正的心灵难以凸显。我对心灵的思考可以分三个层面：我们的内在心灵、彼此的心灵相通以及普遍心灵。前两种不需要任何形而上学的信念，但第三种需要。

我们的内在心灵

古往今来，我们每个人都有着独一无二的生命力量，也就是激活我们个体意识的能量。在其他一些语言中，很多词汇都可以表达这种内在心灵。在印度文化里，梵文中的“prana”指的就是“生命素”的意思，是所有生命得以维系的能量。这类似于中国文化中“气”的概念，它可以被翻译为生命力和能量流，从书面上看，“气”就是“空气”或“呼吸”的意思。希伯来文中的“nephesh”

通常被翻译为“灵魂”，而它的字面意思是“呼吸”。古希腊文中的“psyche”，在心理学里常用来表示人的心理或意识，但它的字面意思就是“生命”。

至于心灵的来源、心灵与肉体的关系以及心灵和大脑的关系，都是科学、哲学和宗教的核心问题，非常复杂。人的大脑亦非常复杂。曾有人估计，一立方厘米的人脑里包含的关系比银河系里的星星还要多。神经学家大卫·伊格曼（David Eagleman）曾说，我们要了解自己的大脑，就像是笔记本电脑将自己的摄像头转向内部的电路板以了解自己一样。

我们的意识都取决于大脑活动，这一点显而易见。在英国喜剧《黑爵士》（*Blackadder*）中，由罗温·艾金森（Rowan Atkinson）扮演的主角黑爵士是伊丽莎白一世的草包管家。在第一季里，女王安排他去杀掉她的某个仇人。后来，黑爵士问他那愚蠢的随从鲍德里克，那个人死了没有，鲍德里克回答道：“呃……我们砍下了他的头，通常情况下这样就是杀死了……”

即使大脑里只有一小部分被移除或受损，我们的思维、人格和意识就会被永久性地改变。药物、酒精和疾病都可能改变我们大脑中的化学成分，改变我们的思考方式和感受。当然，对有些人来说，这正是他们所追求的。

尽管意识取决于大脑，但并不局限于大脑。除了大脑本身之外，意识也是整个身体的一个功能。举例来说，如果我们产生了头疼或痉挛，那么我们是无法体验到情绪的，但我们的四肢、内脏都会产生很深的感受。你会用肢体语言、面部表情和口头语言来表达自己的感受和想法。紧张这种情绪，通常更像是一种身体症状，例如胃里好像有很多蝴蝶在飞，脖子会疼。有些生理状况是由心理状态直接引发的。

根据某些科学家和哲学家的观点，漫长进化中所形成的复杂人脑和身体，足以解释意识是如何产生的。他们认为，不需要任何形而上学的解释，意识就是人脑在几百万年进化中产生的，就像是双眼视觉①一样。

即便如此，科学界还是不能就意识的本质达成共识：不知道究竟是什么让我们成了自己。科学也不能完全解释人类的所有特质：我们会因为音乐、诗歌和舞蹈而身心愉悦，我们热爱创造美妙的东西和严谨的理论，以及我们初恋时那种略显笨拙的欢欣喜悦。而且，科学也无法解释人类为什么可以心灵相通。

心灵相通

当你看到自己喜欢的某个人时，你会发现自己变得精神焕发；但是当你看到自己不喜欢的人时，就会打不起精神。我们日常使用的一些隐喻表达了这种与他人的心灵相通。我们常说，当自己与某人在同样的“频率”上时，心灵就能完美地产生共鸣，并合作默契。相反，你也可能会与某些人“不合拍”，所以你们总是会误解彼此说的内容。这种和他人心灵相通或无法相通的感觉，是人之为人的核心，也是我们与周围世界区别开来的根本。

所有的表演者们都会说，他们的人生巅峰时刻，就是与观众们心灵相通的时刻。吉他大师埃里克·克莱普顿（Eric Clapton）曾说，表演中最重要的就是让表演者和观众“彻底坦诚相见”。

① 双眼视觉（binocular vision），即双眼协调、准确、均衡地同时工作，使某一物体反射的光线成像在视网膜上，形成两个有轻微差异的物象，通过视觉通路传送至大脑，在皮质高级中枢进行分析、整合、加工，形成一个有三维空间深度感的完整印象的过程。——编者注

我很难描述那是一种什么样的感受，你会感觉到肾上腺素飙升到顶点。通常来说，这是一种大家都会产生的感受，我不可能独自体会到……不仅是表演者，所有人都融入其中。现场的所有人在那个时候都会融为一体。当你沉浸在这样浑然一体的时刻中时，无论你站在哪个角落，无须任何解释，每个人都能听到同样的东西。我们所有人都会朝着同一个目标……你可以说这是一种“团结”，这对我来说是一个非常神圣的词汇。在那个特定的时刻，每个人都是一分子。可是，这一时刻不会持续很长时间，当你意识到它存在的那一刻起，它就已经不见了。

我们与他人的能量联结，并不一定要发生在同一个物理空间内。一位母亲可能不进孩子的房间，也能感受到他们的苦恼。在更广泛的层面上，我们都会受到时尚潮流、文化价值观和习惯、大众思维方式的影响。心理学家荣格在提出“集体无意识”（collective unconscious）的概念时，说到了这些心灵动力的类别，德国人称之为“时代精神”（Zeitgeist）。

普遍心灵

对于某些思想家和所有宗教思想家来说，心灵远远不只是意味着大脑和神经系统的化学反应。在很多的宗教信仰中，心灵都不是生物学的副产品，而是超越我们日常所理解的某种更伟大能量的一部分。例如，在基督教中，“灵魂”是肉体死亡后还会长久存在的一种东西。佛教认为，人死后还会继续存在，而且可能会通过轮回投胎转世。印度教用梵文“aatma”来形容与婆罗门教中“宇宙至上意识”相关的个体自我。

埃克哈特·托利（Eckhart Tolle）在对很多灵性传统的研究中发现，我们所说的“意识”或“自我”，只是自己非常小的一部分，心灵也只是神圣力量的一部分。为了找到“自我”，我们必须平息意识和自我的欲望：

> 如果人类知觉中存在一种深刻的悟性，即某种意义上的即视，万事万物就都能意识到自己的存在并深刻地自爱。在这之前，大多数人都只能看到外在形式，不知道内在本质。这只是因为他们未能了解自己的存在，而只是从生理和心理的角度去定义自己。

这种超验的体验是很多信仰的核心。不管你是否相信它，忠于自己的心灵都是发现天赋的一部分。

积极情绪的力量

在过去的300年里，西方文化的主流观点是：智力决定了某些类型的逻辑和推理，而感情则带来了干扰和分心。这种思潮在一定程度上致使近百年的心理学和精神病学，都在关注情绪障碍和心理疾病。目前，科学家们正在研究艺术家们和心灵导师们一直以来就了如指掌的两件事情：第一，感觉和情绪对我们的生命质量来说是至关重要的；第二，我们的思维方式和感觉之间有着密不可分的关系。

积极情绪和消极情绪之间存在着很大的不同。消极情绪包括厌恶、愤怒、恐惧、耻辱等，而积极情绪则包括喜悦、爱、同情、幸福、快乐等。范伦特（George E. Vaillant）是哈佛大学的心理分析师，精神病学方面的专家。在《心灵进化》（*Spiritual Evolution*）一书中，他始终在为积极情绪辩护，并深入地阐述了它们在人类幸福方面的重要作用。他认为，现代科学已经认可了情绪的重要性，但是它强调的往往是负面情绪，而不是积极情绪：

2004年，美国顶尖的教科书《精神病学综合教科书》(*The Comprehensive Textbook of Psychiatry*)中，差不多有一半以上的篇幅都是解释负面情绪的，其中有100～600行内容在分别解释“耻辱”“内疚”“恐惧”“愤怒”“厌恶”“罪恶”，作者差不多用了近千行内容去分别解释“抑郁”和“焦虑”。但是，对“希望”的解释却只有5行字，“喜悦”不过1行，而“信念”“同情”“原谅”连1行也不到。

从进化的角度来说，负面情绪源于人类大脑最古老的区域，可以算得上是人类与生俱来的。积极情绪进化时间稍晚一些，它的作用是将人类相互联系为一个整体。“积极情绪的应用范围更广泛，可以让我们人类不断地发展和创造，”范伦特说，“它们增强了我们的忍耐力，拓宽了我们的道德领域，提升我们的创造力……实验证明，**负面情绪会让我们的注意力变狭隘……而积极情绪，尤其是喜悦，会让我们的思维方式变得更加灵活，更有创造力，更具整合性和效率。”**

负面情绪会降低我们生理和心理上的幸福感。负面情绪会导致身体上的紧张和精神上的压抑。积极情绪则会带来截然不同的结果：身体会变得更健康，心理上的幸福感也会更强。范伦特将我们的灵性部分归因于人类特有的大脑结构，以及我们天生具有产生积极情绪的能力。35年来，范伦特一直致力于成人发展的研究，并成了专业内的领军人物。“在领导这个研究的前30年里，”他说，“我发现，积极情绪和心理健康紧密相关；在最后的10年里我意识到，积极情绪和人们所理解的灵性紧密相连。”

顺应天赋就是要常常怀有能表达和实现自己心灵能量的积极情绪。想要发现这些积极情绪的本源和我们的天赋所在，方法之一是“正念”(mindfulness)。正念的练习方法和原则同我在第1章里提到的冥想相似。

“积极心理学”是一场将积极情绪发扬光大的运动，它的目标之一就是要发展“正念”的重要意义。这一目标不是要消除每天在你脑海里喋喋不休、无穷无尽的任务清单和随之而来的焦虑，而是要你更加深入地内视自己的存在和目标。在苏珊·斯莫利（Susan Smalley）和黛安娜·温斯顿（Diana Winston）的著作《活在当下：正念技巧、正念的艺术及练习》（*Fully Present: The Science, Art, and Practice of Mindfulness*）中，她们写道：“**学会如何智慧地生活，不是说生活在完美世界中，而是说我们在这个欢喜和挑战相伴的世界里依然能生活得充盈、满足。**正念不能消除生活中的起起伏伏，却让你在面临事业、婚姻、生活、学习、生孩子、疾病、死亡等一切时，改变它们对你的影响，以及你对它们的影响。换句话说，正念改变了你和生活的关系。”

有研究表明，正念练习会产生以下积极影响。

- 缓解压力；
- 降低慢性疾病的发病率；
- 增强免疫力，抵御疾病；
- 积极应对生活中的挫折，如爱人去世或身患重病；
- 缓解负面情绪；
- 增强自我知觉，以发现思维误区；
- 改善和集中注意力；
- 强化幸福和同情等积极情绪；
- 强化人际交往能力，改善人际关系；
- 降低成瘾风险；
- 提升在工作、运动和学习中的表现；
- 激发和释放创造力。

正念的练习方法中吸取了冥想的很多原则。它本身也有很多好处：在这个过程中，你可以唤醒自己的心灵和积极情绪；通过这些方式，你可以帮助自己发现天赋。

选择你的道路

从大多数的具体案例看来，寻找和探索你的热情，会让你走上截然不同的道路，几乎没有什么困难和挫折就能轻松步入正轨的那条道路。约瑟夫·坎贝尔曾提到过一种说法，叫作“追随你内心的喜悦”，因为在梵文里有一个词“ananda”（释迦牟尼十大弟子之一，阿难陀），对坎贝尔来说是获得超然体验的本质。在他和比尔·莫耶斯（Bill Moyers）的著名访谈录《神话的力量》[①]（*The Power of Myth*）一书中，坎贝尔阐述了这个概念：“如果你能追随自己内心的喜悦，你就能让自己走上那条一直在等待你的道路，过上你应该过的生活。你在喜悦之地遇到的人们，都会对你敞开心扉。所以我说，追随你心中的喜悦吧！不要害怕，它会在你意料不到的地方为你打开一扇门。”

现实中，这类事情并不少见：当你追求自己真正想做的事情时，机会就会意想不到地降临。你会自然而然地被同道中人吸引，你们的同心协力会创造出更大的能量，并接触到那些能帮助你们进一步提升的贵人，也就是坎贝尔所说的“打开一扇门”。坎贝尔将这种帮助比喻为“看不见的手”。我们很难忽略其中的心灵相通，而且你对这样的力量也会有自己的解读。但是，不管你怎么理解，可以确定的是，追随自己内心的喜悦，或者发现自己的热情，都会让你的世界充满生机，而你自己也会充满活力。

①《神话的力量》作为神话学大师坎贝尔“个人成长的英雄之旅”四部曲之一，其中文简体字版已由湛庐文化策划，浙江人民出版社出版。——编者注

总结起来，在寻找自己的热情的过程中，你要问自己两个最重要的问题：你热爱什么？你热爱它的什么？记住这两个问题，让我们看看训练方法8。

FINDING YOUR ELEMENT 发现天赋训练营

训练方法8：什么会吸引你？

◎ 看看你在训练方法7中分好的3类活动。

◎ 将你喜欢的活动按照喜好程度进行排序，列出前5位或前10位。

◎ 针对这3类不同的活动，问问自己喜欢或者不喜欢它们的原因。讲讲和它们相关的经历和感受。

◎ 着重关注你喜欢的事情。你喜欢它们什么地方？试想一下，你是否可以在一些你从未尝试过的情境下，或者用其他方法做你喜欢的事情？

◎ 对于那些你不喜欢的事情，想象你在哪种可能的情况下，会用什么方式去尝试它们。

这些问题看似简单，但是答案并不简单。而且，如果你真的想要确认什么事情能一直带给你喜悦，那么就必须清楚地知道自己的热情所在。如果可以清楚地知道自己到底为什么喜欢这些事情，那么你就能走得更远。

我们共同的困惑

现在，让我们看看本章开篇我提到的读者们常常问的关于“热情”的问题。

如果我对什么都没有热情，怎么办

很多人不知道自己热爱什么，但也不是说人人都没有热情。确实，有一些精神疾病患者会缺少一些正常人的情感，特别是对他人感受的同理心。但是，更多的人是因为创伤和压抑而丧失了积极情绪。这与没有发现自己的热情，或者不知道自己的热情所在，是截然不同的问题。

本杰明·詹德（Benjamin Zander）是波士顿爱乐乐团的指挥，他曾对那些自认为是“音痴”的人评论道：“真有这么多人认为自己是音痴，还是只有我听到这么多人说‘我五音不全’？事实上，你不可能是音痴，也没有人是。如果你真的是音痴的话，就区别不出各地的方言了。另外，当你妈妈打电话给你时，你就能辨别出她是谁，也知道她是什么情绪。每个人都拥有奇妙的听觉。”有趣的是，詹德还曾说过：“人人都爱古典音乐，只是有些人还没听过它而已。”我相信，对我们潜在的热情来说也是如此。关键在于我们要去寻找和发现。

如果我热爱那些我并不擅长的东西，怎么办

不管你的天资是什么，成功的最大因素都是热情。**天资很重要，但是热情更重要。**我之所以没能在钢琴和吉他上有所成就，就是因为我并不喜欢它们。**如果你热爱某种东西，你一定会穷极一切将它做到最好。**

就像我们所处的两个世界一样，所有的动力都可以被分为两种：外部动力和内部动力。你可能会因为某些外部奖励而去做某件事情，比如报酬、解决某个实际问题，或者这就是你工作和学习中必须做的。但是，你也可能会因为很强的内部动力去做一些事情，因为天生的喜好，以及它能带给你的愉悦感和成就感。当我们有内部动力时，才能将事情做到最好。

特里萨·阿马布勒（Teresa Amabile）是全球首屈一指的创造力研究者，她证实了创造力和热情的相关性。“当人们热爱自己所做的事情时，会更具有创新能力，”阿马布勒说，“当他们觉得自己投入其中时会感到兴奋，也会有更强的幸福感。哪怕有些时刻因为工作进展困难而感到不高兴时，他们内心深处的热情仍然会发挥作用。”如果你想让自己的工作充满创造力，她认为，“你不应该只关注自己的天资，不要因为看到其他人更有天赋就断定自己在某些领域无法创新”。

你确实需要一些天资，但是热情才是关键。阿马布勒说，毕竟“有些非常有天资的人也还是一事无成的”。

而且，**在你喜欢的事情上，你可能比你想的更有天资。**你可能会因为给自己设定了离谱的高标准，而导致自己低估了天资。制定高标准是一件好事，说明你并没有被自我批评禁锢住前进的脚步。如果你学习绘画，那么拿你的第一次习作，和文艺复兴时期大师的名作相比没有任何意义。要成为所在领域的大师，都要假以时日与不懈努力。如果你选择了一条正确的道路，过程中就会有很多乐趣。你应该以那些同行中的前辈为榜样，而不要拘泥于自己走了多远。如果热爱自己所从事的事业，你就会享受这一路不断的突破和前行，而不会因此受挫和感到沮丧。

如果我热爱的东西可能会受到道德的谴责，怎么办

我有时会问：“是不是追随自己的热情就一定是对的？如果它是惹人厌恶甚至是有害的，比如纵火和虐待，怎么办？”我相信你一定会思考一下自己的情况。答案当然是否定的。**我关于天赋的所有观点都必须在一个可以接受的道**

德范围内。道德标准可能会因为文化差异和历史发展各不相同，但是我们所有人都必须反省自己，并且弄清楚哪些是可以接受的，而哪些不可以。在我的道德世界里，道德标准的目的之一，就是要避免伤害他人，让社会中不同的群体能自由而和谐地相处。也就是说，**热情的同时也必须有同情心。**如果你的天赋会伤害他人的幸福，或对他们造成实际损失，我绝对不赞成，而且你也一定不希望别人这样做。稍后我会讲到，**真正的幸福是一种内在的状态，通常需要我们超越自己，珍惜别人的幸福才能达到。**

谁天生喜欢打扫厕所这种脏兮兮的工作呢

我常常会听到有人这么说："发现天赋固然好，但是谁命中注定就该捡垃圾、扫厕所或者当流水线上的工人呢？"对此，我有两个答案：第一，每个人热爱的东西都不尽相同，也就是说你在判断他人的热情时应该更加谨慎。在明尼阿波利斯的签售会上，一位 40 岁的男子告诉我，他的母亲是办公室清洁工，她已经做这份工作 20 年了，她非常热爱这份工作。她每天都是在晚上工作，而白天就一直期待着晚上的到来。她非常喜欢清洁的过程，看到所有东西都整洁有序后会感到非常满足。最重要的是，这是她每天能离开家庭独处的唯一机会，她能趁此机会好好内省，做自己。

当然，也有人并不喜欢自己的职业。别忘了布莱恩·施瓦茨博士提出的工作不满意比例。每个人都能以自己喜欢的事情谋生是不太现实的。如果你不喜欢自己的工作，那么应该在业余时间里做一些自己热爱、能给自己带来成就感的事情。虽然不是所有人都能因为天赋而变得富有，但是每个人都拥有这个权利。

我如何知道自己已经找到天赋了呢

说实话，发现天赋有点像坠入爱河。我为《让天赋自由》这本书最初想到的书名是《顿悟》(*Epiphany*)。顿悟就是一种瞬间的意识，是豁然开朗的一刹那。我很喜欢这个书名，因为这本书就是关于发现自己的心灵，和它能带给你生活上的改变，而“顿悟”看起来完全能表达这种转变的感觉。后来我们改了书名，主要出于两个原因：第一，“顿悟”含有一种宗教意味，尽管我的观点带有心灵层面的色彩，但与宗教意义并不完全等同;第二个原因则更为关键。

对于有些人来说，发现天赋就像一见钟情。几年前，我在美国中西部一次大型教育年会上发言，这次年会举办的场地是一家赌场的宴会厅。我在会上所讲的主题是，“人们是如何对某些食物一见钟情的”。一位 60 多岁的男士举手说，他经历过这样的事情。在他 20 岁刚出头时，他还在努力成为一位工程师。当时，他的一位朋友的父亲是开餐厅的。某天晚上，他要去见这位朋友，这位朋友让他从餐厅后面的厨房穿行进来。他从来没有去过餐厅的后厨，当踏进后厨的那一刻，他惊呆了！他完全被这热气腾腾的场面吸引住了：叮叮当当的声音，熊熊燃烧的火炉，各种不同的气味，以及最重要的食物。他站在那里想：这就是我想要的生活！接下来，他进修了主厨的相关课程，然后开了自己的连锁餐厅。当我遇见他时，他已经投身自己的餐饮事业超过 40 年了。其他人可能在穿过厨房时，都是避之不及、生怕沾惹一身油烟。就像他们说的，耐不了热就别进厨房！

我曾经询问一位电台主持人，他是如何开始自己的主播事业的。他和这位主厨的经历很相似。初中时，他们全班参观了当地的电台。当其他同学都只是欢天喜地地参观时，他觉得这一切都太神奇了！他一走进直播间就完全被吸引住了，他马上明白这就是自己一辈子都想做的事情。

对这样的人来说，发现自己的天赋就是一种顿悟。但不是所有的人都有这种“一见钟情”的体验，而现实中多数的天赋发现之旅更像是一个日久生情的过程。

我是在芝加哥的一个活动上认识玛莎的。她40岁出头，向我表达了自己对《让天赋自由》这本书的感谢，她说她反复读了好几遍。上学时，她患有阅读障碍症，后来一位老师发现了她的问题，向她推荐了一些她可能感兴趣的书。渐渐地，她迷上了读书，待在图书馆里的时间越来越多。久而久之，她开始梦想成为学校的一位图书管理员。现在，她做到了，她非常热爱自己的工作。她说自己真正的工作不是每天单调地整理摆放书籍，而是帮助孩子们找到他们爱看的书。她简直不敢相信，自己竟然得到了这个世界上最好的工作。她每天都穿梭在书丛中，激发孩子们看书和爱书的热情。她对自己和自己的生活都很满意。

在寻找天赋的过程中，你可能会遇见一些你从来没有尝试过的事情，然后便会顿悟式地沉浸其中。同样，你也可能会发现，原来自己一直在做自己喜欢的事情，只是还没发现而已，就像爱上一个老朋友一样。当然，发现自己热爱的东西正是自己已经习以为常的东西，这本身也是一种顿悟。

我的妻子特里就属于这种情况。最近，她刚发表了自己的小说处女作《印度的夏天》（*India's Summer*）。她这辈子一直都在写这本小说，却从来没有将它作为主业投入过，她只是在做其他不得不做的事情时顺便写一写。我们这些跟她很亲近的人都已经发现了她这方面的天资，她却是“当局者迷”。最后，她开始全身心地投入写作，并爱上了写作。以下就是她写的一部分内容。

我正处在人生中一个兴奋的转折点上，我因此能展示出自己成形的作品。我写了一本小说，现在已经出版了。我从来没有收到过这么多肯定的评价、这么多的祝福和这么多因成就而满足的感觉。我隐约觉得这是我有生以来最得心应手的事情。

感谢自己这么多年教书、养家、做生意、组建家庭、赡养父母和支持老公工作的经历。感谢那些我打扫、煮饭、接送孩子上下学的日子，以及这一路上的见招拆招。让我们为这一段35年的婚姻生活，和那些历经磨炼的友谊欢呼吧！是的，我被珍惜、被爱。我知道自己一直在努力，我知道自己的生活收获很多而且充满乐趣。我每天都能享受各种爱。但是，当我知道自己终于完成了一个事业时，还是无法抑制内心的幸福感和兴奋感。

写小说是我最满意、最满足，也最开心的人生经历，它让我能沉浸在自己的创作空间里，这是一个由我自己主宰的世界。当我笔下的人物开始探险时，我就会一路追随他们，看看他们到底会去什么地方。我觉得我唯一的障碍来自自我压抑。我沉浸在自己想象的世界里，体会着毫无罪恶感的畅快，从不考虑它能不能赚钱、能不能出版或畅销。只要有时间，我就会写作，哪怕是在我人生中最忙、最紧张的时候也是如此。我不再热衷于购物、阅读，或者其他会占用我时间和空间的事情，我只是不停地写。

我越努力，文思就越汹涌。我自己内心的声音越来越强烈。终于有一天，我想要跟别人一起分享我写下的东西。最后，我对写作越发自信，也对自己越来越有信心。我甚至惊奇地发现，我替很多朋友完成了他们未竟的梦想。

我不知道自己何时出发，会去向哪里，即使到现在我还是不知道。

我知道的只是，一旦我全身心地投入《印度的夏天》的写作，它就成了一个独立的生命体。我曾经想，我最需要的就是时间。而我后来才明白，时间真的就像海绵里的水，无处不在，挤挤就有了。

我现在已经在写续篇了，因为冥冥之中我觉得，主人公的经历还是未完待续的。

发现自己的天赋有时是一瞬间的启发，有时也可能是一个逐渐呈现的过程。但是结果都是一样的：**你的生命会因为一种完全不同的投入、满足和目标感而彻底改变。**

顺便说一下，将书名从《顿悟》改为《让天赋自由》并不全然是一个好主意。我曾在 2006 年的 TED 演讲中提到，我正在写一本名叫《顿悟》的书，全世界无数人都知道了这件事情，结果引起了一本和我没有任何关系，名叫《顿悟》的书热卖，这也算是我的一桩善行了。

FINDING YOUR ELEMENT 左思右想

请思考以下问题：

- 哪些活动能激发你的热情和能量？
- 哪些事情会让你感觉不到时间的流逝？
- 你有过顿悟的时刻吗？那是什么样的顿悟？你借此做了些什么？
- 有没有什么事情是你一直热爱，却无法全身心投入的？为什么？
- 什么时候会让你觉得你在忠于自己的心灵？

能否感受到幸福，与我们是否发现了自己的天赋密切相关。积极情绪、投入和意义是幸福的3大要素，而环境、生物遗传性和行为是影响个人幸福指数的3个重要因素。如果能超越自我，我们的幸福感就会更加强烈。

FINDING YOUR ELEMENT

05

什么会让你觉得幸福

How to Discover Your Talents and Passions and Transform Your Life

你幸福吗？发现自己的天赋会让你觉得更幸福吗？在这一章中，我们将探讨什么才是真正的幸福，怎么样才能幸福，以及天赋对幸福来说有多重要。

如果你问人们，他们生命中最想得到的是什么，我想大多数人都会回答：幸福。世界各地的文化虽然不尽相同，但答案却会如出一辙。人们可能会给出一些其他答案，比如事业成功、身体健康、爱情甜蜜、万贯家财或者家庭美满。但这一切的前提都是：这些东西会让你觉得幸福。在大多数人的大多数时间里，幸福都是一种恒久的追求和渴望。那么，顺应天赋如何会让你幸福？而你又如何才能让这一切变成现实呢？

FINDING YOUR ELEMENT 发现天赋训练营

训练方法 9：你幸福吗？

在进一步探求幸福的本质之前，我们先来想一想你如何定义自己的幸福，以及你现在的幸福指数。我们可以利用思维导图来进行判断：

◎ 在一大张纸中间写上“幸福”两个字，并用圆圈圈起来。

◎ 想一想你认为与幸福有关的所有事情，将它们写下来。

◎ 用其他颜色的笔画一条主线，将中间的圆圈和这些事情连接起来，并在主线上写下一个标题。例如，如果你的幸福和钱有关，你就应该在主线中间写下“财富”字样。

◎ 从这些主线出发画出分支线，写上你认为和这些主题相关的其他内容。比如，如果你认为“关系”和幸福有关，那么就可以在分支线上写“好朋友”“家庭”等字样。

◎ 完成这一切后，看看整张思维导图，问问自己目前在这些方面做得怎么样。你可以用“很好”“一般”“不太好”三个标准来表示，或者使用你自己的评分模式，当然，也可以用颜色取代文字。

◎ 最后，将自己目前的情况和 5 年、10 年或者 20 年前的情况进行比较。当然，也要根据你的年龄而定。

生活中是不是有些事情比另外一些更能让你感觉到幸福？你现在是否比其他时候感觉更幸福或者更不幸福？在进行评估的过程中，你认为真正的幸福是什么？你觉得怎样才会让自己的生活变得更幸福？

不幸福的真相

尽管大多数人都说他们想要得到幸福，但事实上很多人并不幸福。我们这个时代最大的悖论之一就是：尽管过去的二三十年里，人们的生活变得更加富裕了，但在整体上人们的幸福感水平却降低了。

2003 年，丹·贝克（Dan Baker）出版了《幸福人生的秘诀》（*What Happy*

People Know）一书。基于多年和各种人打交道的经验，他在这本书里讨论了什么会让人们幸福和不幸福。他说，真正的幸福可遇不可求。“多数人都认为，幸福总是在别处。事实上，幸福……在现代美国比之前的不发达时期更少了。就美国而言，尽管物质极大地丰富了，但幸福却在走下坡路……我们得到的越多，就越会感觉空虚。”

不幸福水平的评估方法有几种，包括离职率、辍学率、抑郁状况、药物使用和酗酒情况，更恐怖的是自杀率。这种评价体系中的一个极端是，大量的人都长期厌学或者厌恶工作，因为他们完全感受不到意义和成就感；另一种极端是，对酒精、烟草，以及其他刺激性或镇定性药物上瘾的人数超乎想象。

一项研究发现，美国超过一半的成年人对生活没有激情，也缺乏活力和创造力。世界上其他国家和地区也出现了类似的可怕数据，无论是欧洲还是亚洲。无论是从个人、社会，还是从经济上说，这种高辞职率或者辍学率的现状都是代价高昂的。索尼娅·柳博米尔斯基（Sonja Lyubomirsky）是一位受人尊敬的心理学家和作家。她认为，这种高辞职率或辍学率解释了“为什么对幸福的追求不仅体现在抑郁症的临床症状中，在普通健康人中间也非常普遍，包括那些并不如我们想象中那般幸福的人，那些感觉我们不幸福的人，和那些虽然已经很幸福却还想要更多的人，人们想要更多欢乐、更有意义的生活、更加刺激的工作和人际关系”。①

抑郁症是一个越来越严重的问题。例如，在过去的 4 年里，英国医生开出的抗抑郁药物的增幅超过了 40%。这绝对不是个例。世界卫生组织预估，在

① 对于幸福，我们一直抱有深深的误解。作为心理学领域最著名的实验心理学家，柳博米尔斯基通过大量经过检验的科学数据，颠覆了很多我们自以为是的幸福观。推荐阅读柳博米尔斯基的经典著作《幸福的神话》（*The Myths of Happiness*），该书中文简体字版已由湛庐文化策划，浙江人民出版社出版。——编者注

2020 年，抑郁症将会影响 30% 的成人的健康，成为世界第二大死亡威胁。很多专家认为，抑郁症已经成为一种流行病。有些人甚至估计，抑郁症的临床表现对我们的折磨比一个世纪前要强 10 倍。对于那些抑郁症患者来说，有关自杀的数据也值得我们关注。在过去 30 年里，自杀者的数量日渐增多，尤其是在 20 ~ 25 岁的年轻人中。而且，曾经尝试自杀的人数是实际自杀人数的 20 倍。

每个人患抑郁症或离职的原因都不一样，但是都有一些共同的趋势和根源，其中包括不断被媒体强化的物质生活欲望。2008 年金融危机带来的财务风暴也动摇了人们对世界的信心，之后还带来了对家庭和社会生活的深刻影响，人们越来越强调个人奋斗的重要性。

这一切都加剧了个体的不安全感和危机感。具有讽刺意味的是，所谓的社交媒体也同样给自己带来了更大的诟病，尽管他们创造了史上空前的网络联系，但是当年轻人感觉到自己在需要陪伴和安慰时，真正能寻求帮助的朋友却变少了。最为重要的是，这么多人感到不幸福的根本原因之一是，幸福本身被大众误解了。

我们是在缘木求鱼吗

对于幸福的误解有很多，它们常常以“只要我……，就会幸福”的句式出现：只要我中了彩票，就会幸福；只要我有一所大房子，就会幸福；只要我结婚了，就会幸福；只要我离婚了，就会幸福；只要我生了孩子，就会幸福；只要我没有孩子，就会幸福；只要我拥有好身材，就会幸福；只要我长得好看，就会幸福；只要我整了容，就会幸福；只要我换份工作，就会幸福……我不是说这些东西都不会让你幸福。即便是我，上面的事若能得到满足，我也会很开心。但是我们通常认为能让自己幸福的东西都只是幻象，不是现实。

很多人认为有更多的钱会让自己幸福。1972 年，在伦敦读研究生时，我靠的是每年 3 000 英镑的奖学金生活，相当于 2013 年的两万美元。这和我本科时代的生活费比起来当然多得多了，但是依然不够。我的一张支票被退回来了，还好我有一位非常出色的银行经理，他就是帕明特先生。后来，我又得到了一份工作，发了 4 800 镑，这是我一半的工资。我跑去跟帕明特先生报喜。我们的麻烦解决了！但是他对此表示怀疑，还引用了银行界的一句古老谚语：赚得多自然就花得更多。他说的没错！对大多数人来说，想得到的总比已得到的要多得多。就像我们永远追逐不到彩虹的另一端一样，理想的收入永远比我们的实际收入要多。

钱当然很重要。如果连保障基本生活需求的钱都没有，你当然会遇到大麻烦。但是从另一个极端来看，拥有很多钱就会幸福吗？未必如此。美国是当今世界上最富有的国家，但它的国民幸福感却排在倒数几位。1973—2002 年，英国 GDP 增幅达 80%，但是人们的生活满意度却一直没有什么变化。

我们总是假设，很多事情能让我们幸福一时，也就会让我们幸福一世。在《哈佛幸福课》（*Stumbling on Happiness*）这本书中，心理学家丹尼尔·吉尔伯特（Dan Gilbert）写道："我们认为金钱能带来强烈而持久的幸福感，但事实上，它只能带来一点儿昙花一现般的快乐。"丹·贝克对此也很认同："金钱能让人幸福的神话正是幸福的陷阱之一。"在一项 792 位富有的成年人参与的研究中，"超过一半的人称，财富并没有给他们带来更多的幸福感；身价在千万美元之上的人，一半都认为金钱带来的问题比它能解决的问题还要多"。

对很多人来说，轻松舒适的生活是获得恒久幸福的最佳途径。但是这很容易被质疑：对那些活跃、精力旺盛的人来说，退休就意味着无聊和失望。对支持这一观点的人来说，总是"轻松"的生活常常也会很无聊。

短暂的快乐和根本的幸福有很大的不同。很多事情都可以让你暂时感觉不错：你喜欢的食物、巧克力、聚会、一本好看的书、你喜欢的音乐、你最爱的球队赢了比赛，或者与你的爱人共度良宵。但是当你的荷尔蒙减退或者当天亮了之后，你还是会感受到深深的空虚和落寞。你可能会开心一阵子，但是持久的幸福则需要一种更为深刻的成就感。那是什么呢？天赋对长久的幸福能产生什么帮助呢？

设立目标

雅思敏·海拉尔（Yasmin Helal）是开罗的一位职业篮球运动员，而且成绩不菲，她在埃及国家队打球近 10 年。同时她还是一位化工工程师，且非常擅长这份职业。雅思敏对很多她喜欢的事情都很擅长，但她一直没有发现真正让自己觉得幸福的事情。直到有一天，她开着车，从一个节日庆典上回家，这时，几个乞丐向她走来。

> 我学习很好，工作也不错，万事不愁。这时，我在 3 个向我讨钱的孩子面前停了下来。幸好我车上还有一些我打算捐出去的东西，然后我给了他们一些钱。他们还要，我说“没有了，但是我明天还会来，如果你们想要的话，明天再来”。我突然有一种愧疚感，因为我和这些人住在一个城市里，却不知道他们需要什么，或许一点钱就能改变他们的命运。那一瞬间，我突然充满感恩，因为我如此幸运地受到了很好的教育，有房子、有父母、有我想要的一切。

雅思敏身边的人远远没有她幸运，但是她却能清除自己更多的欲望，关注到他人的人生经历。而此时，她正在读约翰·伍德（John Wood）的著作《离开微软，改变世界》（*Leaving Microsoft to Change the World*）。该书讲述了一个百万富翁辞去科技公司高管的职位，建立了一个基金会，为不发达地区修建学校和图书馆的故事。当雅思敏第二天回到那个地方给孩子们钱的时候，那些孩子吓坏了。但另一方面，她遵守了自己的诺言，也获得了真正的启发。

> 我决定发起一项捐助贫困家庭儿童上学的活动。在接下来的4个月里，我去了附近的一些贫困地区，了解这些人的需要。最后，我想到了发起这样的资助。之后，我又发现了一个新问题：很多八九岁的学生还根本不知道怎么读写，这样一来学校就要付钱让老师们在课后给这些孩子补课。
>
> 这时，我得到了3位传奇人物的支持。我们重新规划了共同的基金会，这让我的倡议变得更加宏大和可持续。我们还发现，我们可以支持其他和我们理念相同的项目。我们设计了一个与学校教育并行的项目：性格塑造项目。我们通过该项目推广创新的艺术，让这些孩子开始接触外面的世界，让他们了解自己的国家，并为自己的祖国和祖先而骄傲。
>
> 我必须确保所有的钱都用在该用的地方。我不再给别人钱，而是给学校付钱，让他们去买校服或者别的东西，然后再给予那些需要的人。

雅思敏发现，她的生活圈子里没有什么人能明白，这些事情怎么会变得对她来说这么重要："大多数人都觉得，需要帮助的孩子实在太多了，所以我不可能带来什么改变。他们不明白我为什么要这么做。他们认为，如果我真的想帮助别人，就应该去非政府组织做志愿者或者捐款。而支持我的唯一形式就是钱。没有人知道该怎么帮我。"雅思敏得到的所有帮助都来源于她生活圈子之外的人。但是，这并未打消她前进的想法，以及这件事给她带来的一种空前愉悦的使命感。

> 我一启动这个项目,就找到了新目标。我决定辞掉工程师的工作。

这种感觉神奇极了！项目启动之后，我还在原来的公司待了3个月。本来他们还想让我再工作一个月，但是我已经完全“身在曹营心在汉”了。我那个时候就下定决心：我再也不会做那些与人类发展无关的事情了。

在3位社会企业家的帮助下，雅思敏成立了Taleeda基金会，并倡导“自我教育”（Educate-Me），“旨在让平民子女能通过教育、价值观培养和性格塑造去追寻他们自己的梦想”。这项工作并不轻松，它是一场硬仗，尤其是对于正在经历历史变革的埃及。但是，雅思敏坚持了下来并获得了成功。因为，这让她觉得幸福。雅思敏的故事说明了非常重要的一点：**如果天赋能在你心里孕育一种强烈的目标感的话，天赋的力量就会变得更强大。拥有生活目标是长久幸福的本源所在。**

幸福是什么

幸福不是一种物质状态，而是一种心灵状态，是一种内在的愉悦状态。索尼娅·柳博米尔斯基是这样表达的：“幸福是一种愉悦、满足和健康的体验，伴随着一种生活美好且有价值的感受。”真正的幸福感和“飞来横福”带来的短暂开心是截然不同的。

安德鲁·韦尔博士（Dr.Andrew Weil）曾说：“赢得了一场赌局或者因其他好运而获得的开心是暂时的，它不会改变你的情绪基线。”他写道：“而且，我们已经发现‘财富如浮云’。如果我们以财富作为情绪变动的指标，那么我们可能会爬得越高，摔得越重。”韦尔博士认为，情绪健康和身体健康一样重要，我们必须在自己可控的范围内创造让自己幸福的条件。“幸福感会和我们内部的能量一起增强，”他说，“在自我以外去寻找它，只会事与愿违。”

当韦尔在谈及他自己寻求真正幸福感的故事时，他说："我有一种深深的认同感。我就在自己该在的地方，做着自己该做的事情……我有很多世俗意义上值得高兴的事情，福星高照。但是，更深刻的幸福感来源于：我成了自己应该成为的人，以独一无二的方式感受这个世界，迎接着所有我应该迎接的挑战。"换句话说，他感受到了真正的幸福，因为他找到了自己的天赋。

对于每个人来说，想要幸福，就要投入自己的积极情绪。这样做有益于身心健康：生理和心理。丹·贝克这样描述道："当对人类进行终极分析时，我们会发现两种原始情绪，恐惧和爱。恐惧让我们生存，而爱让我们成长……积极情绪会增加多巴胺的分泌，对我们的身体，尤其是心血管方面有益；压力和焦虑则正好相反。"

当你发现自己的天赋时，最重要的事情之一就是要关注你的情绪状态。有没有什么事情总能提升你的状态？什么时候你会感受到放松和真正的愉悦？请记住布莱恩·施瓦茨帮助客户对其兴趣进行分类的方法：评估你在做这些事情的时候感觉有多好。如果想要知道自己应该做什么，那么这样的确认是非常重要的。

幸福的意义

关于幸福的一种曲解是：幸福就是时时刻刻都欢天喜地。马丁·塞利格曼（Martin Seligman）是公认的"积极心理学之父"。2003年，他出版了《真实的幸福》（*Authentic Happiness*）[①]一书，书里陈述了拥有长久幸福的生活，以及实现长久幸福的原则和方法。他定义了**幸福三要素：积极情绪、投入和意义。**积极情绪就是我们的感受；投入则是一种心流："热爱音乐的人会感觉时间都停

① 本书及《活出最乐观的自己》《持续的幸福》《教出乐观的孩子》《认识自己，接纳自己》是塞利格曼集大成之作，是我们提升幸福感不可不读的心理学经典。全套5本塞利格曼幸福著作中文简体字版已由湛庐文化策划，浙江人民出版社出版。——编者注

住了，会在其中完全失去自我意识”；幸福的第三个因素是意义：“对于投入和快乐的追求通常都是孤独的，是人类……追求意义和生活的目标”，就是通常意义上的“愿意献身于那些比自己更伟大的事业”。当你感觉到自己在做有意义的事情时，不一定会感到幸福；但是如果你感觉到自己做的事情并不重要的话，那就更难感觉到幸福了。

可能没有多少人能像维克多·弗兰克尔（Viktor Frankl）那样寻求人生的意义。作为一位备受称赞的精神病学家，弗兰克尔在30多岁时曾在纳粹集中营中度过了两年半的时间。在这段时间内，他受尽了屈辱与折磨。他的父亲、母亲和妻子都在集中营里被害，这样的遭遇对任何人来说都是毁灭性的灾难。他在集中营里看到成千上万和他有着相同遭遇的人。很多人在纳粹屠杀之前，意志就已经崩溃了。但是，弗兰克尔却坚强求生，因为他从不向绝望屈服和低头。

在弗兰克尔的里程碑式著作《活出生命的意义》（*Man's Search for Meaning*）中，弗兰克尔描述了他在集中营里经历的各种恐怖事件，但是他也讲述了自己从这些可怕经历中所感受到的崇高人性与希望，以及与绝境顽强抗争，寻求伟大成就的信念所带来的力量。

> 在写这本书时，我原本只是想用一个真实具体的案例告诉读者，无论在什么样的环境下，即使是在最痛苦、最绝望的环境下，生命都有它存在的意义……我认为如果能在像集中营那般极端的情况下来描述这一点，我的书就会得到人们的关注。所以，我觉得有责任将自己的遭遇写下来，以帮助那些容易绝望的人。

当弗兰克尔最终从集中营中被解救出来时，他开创了心理治疗的一个新流派，“意义疗法”（Logotherapy）。意义疗法最核心的原则是，对所有人来说，**寻求意义是普遍的驱动力。**“我们可以从三个方面来寻求自己生命的意义，”

弗兰克尔写道，“第一，工作或者劳动；第二，体验某些事或认识某些人；第三，我们对那些无法逃避的痛苦的态度。”意义疗法被用于帮助患者缓解压抑、焦虑，甚至是治疗癌症。

无论你的处境如何，在探寻天赋的所有道路中，最重要的就是找到自己的人生意义和目标。如果你觉得自己的追求是有意义的，那么就会全身心地投入其中。如果你觉得自己做的事情是有意义的，那么你做起来会觉得更容易，会觉得时间匆匆流逝。如果你觉得所做的事情对自己很重要，或者对你身边的人很重要的话，就更会享受其中。

雅思敏曾经很喜欢打篮球和她工程师的工作。但这都不是她的天赋，结果表明，她的天赋另有所属。从她决定启动“自我教育”项目的时候开始，她就不再考虑其他的事情了。她成年后第一次相信，自己做的事情是真正有意义的。雅思敏相信自己天生就是要去帮助那些穷人的，而“自我教育”项目则让她坚信了这一点。

快乐与幸福

在你的生命中，总有一些时间是开心的，也总有一些时间是不开心的。所以，我们应该在整个生命的范畴内思考“幸福”这个话题。

2011年，马丁·塞利格曼出版了大家期待已久的《真实的幸福》的续篇，《持续的幸福》(*Flourish*)[1]。在这本书中，他指出了自己之前的论点中存在的非常严重的缺陷：将“幸福”的概念集中在“愉悦”上显得过于狭隘了，愉悦应

① 塞利格曼不再只关注心理学注重的“如何减轻人们的痛苦”，而是专注于如何建立人们的幸福感，并让幸福感持续下去。《持续的幸福》书中的幸福理念是在《真实的幸福》一书的基础上扩充而来的。本书中文简体字版已由湛庐文化策划，浙江人民出版社出版。——编者注

该被看作更宽泛的“幸福”概念的一部分。幸福有 5 个可测量的因素，除了之前说的积极情绪、投入和意义之外，他还加上了**良好的人际关系和成就感**。塞利格曼说，积极心理学真正的核心课题应该是幸福，而不是愉悦。

盖洛普公司的科学家们从 20 世纪中期就开始研究幸福生活的需求。最近，通过与顶尖的经济学家、心理学家和其他科学家进行合作，他们开始研究，从阿富汗到津巴布韦等 150 多个国家和地区中，可以超越文化存在的普遍的幸福因素是什么。

盖洛普公司在全球超过 90% 的人口中问了上千个关于健康、财富、社交、职业和社会的问题，并测量了人们对幸福的态度。最后得到的结论显示，幸福包括了生活中的 5 大领域，其中并不包括“生活中所有的细小元素，而是代表了对大多数人普遍适用的 5 个基本结构”：

- **职业幸福感：**如何利用自己的时间，简单来说就是，是否喜欢每天所做的事情。
- **社交幸福感：**生活中是否有固定的人际关系或恋爱关系。
- **财富幸福感：**有效管理自己财产的情况。
- **健康幸福感：**身体健康，有精力去完成日常事务。
- **社会幸福感：**对自己所居住的区域有归属感。

盖洛普公司得出的结论是：66% 的人至少在其中一个方面得分很高，但只有 7% 的人在 5 个方面的表现都很好。汤姆·拉思（Tom Rath）在《你的幸福可以测量》（*Well-Being: The Five Essential Elements*）一书中说：“如果我们在某一个方面感觉到很吃力、很痛苦，诚如大多数人一样，就会毁掉我们的幸福感和日常的精神面貌。如果我们只强化某个方面的幸福感，我们可能会好上几天、几个月或几年，但是我们仍然会浪费大部分生命，除非我们能在这 5 个方面都保持良好的状态。”因此，真正的、深刻的幸福感，是从这几方面获得一种平衡感和成就感。

盖洛普公司的调查强调，在职业幸福感中，顺应天赋对人们整体的幸福感来说有着非常深刻的重要性。汤姆·拉思说，我们能扪心自问幸福感的最基本问题就是：“你喜欢每天做的事情吗？”拉思认为，基本上我们每个人都需要作出改变，让自己每天能有点盼头。但是在盖洛普公司进行的调查中，只有 20% 的人可以果断地给出肯定的答案。

> 你每天做的事情会塑造你的自我认同，不管你是学生、父母、志愿者、退休人员，还是一般工作者。我们将每天醒着的大多数时间都花在了自己作为职业的事情上，也可以称之为职位、工作等。人们第一次见面时总会问：“你是做什么的？”如果你的答案可以让你觉得有意义、有成就感，那么你的职业幸福感就是高的。

如果你做的不是自己喜欢的事情，哪怕它是无偿的善举，你在其他方面的幸福感还是会急剧下降。**职业幸福感高的人对生活整体感觉幸福的概率是常人的两倍。**“如果你有非常好的社会关系、安全的财务状况和健康的身体，”拉思说，“但是你不喜欢自己每天做的事情，那么很有可能，你在进行社交活动的大部分时间中都在担心和抱怨自己的工作。这样会造成压力，也会对你的身体健康产生负面影响。如果你的职业幸福感很低，那么它对其他事物幸福感的破坏也会与日俱增。”

你如何评估自己在这 5 个方面的幸福感？在训练方法 7 中，你已经列出了自己擅长做的事情的种类，请记住它们，然后根据我刚刚介绍的这 5 个方面通过训练方法 10 进行自我评估。

FINDING YOUR ELEMENT 发现天赋训练营

训练方法 10：幸福圆圈

◎ 仔细思考幸福感的 5 个元素，你还想加些什么进去？

◎ 在一张白纸中间写上自己的名字，然后用圆圈圈起来。接着画 5 个或更多圆圈，让它们分布在中心圆圈的周围，每一个圆圈都代表幸福感的一个元素。

◎ 依次思考这些圆圈中的内容和自己的生活，你会如何进行自我评价？针对每个方面，你想用什么词语或者图片来表示自己现在的感受和情绪？把它们写在圆圈内。

◎ 依次对每个圆圈做几段自动书写，在这个过程中，你会想起什么事情或者问题？

如果你在所有幸福感方面的自评分都很高，那么恭喜你。但是如果你的自评分都不高，那么你打算怎么让自己变得更幸福呢？你的天赋在哪里呢？答案可能会让你大吃一惊。

提高幸福指数的 3 大要素

我们全书都在从各个角度讨论人生，从生物遗传、实际处境到行为方式。索尼娅·柳博米尔斯基在《幸福有方法》（*The How of Happiness*）一书中提到，**影响个人幸福水平的主要因素有 3 个：环境、生物遗传性和行为。**这 3 大因素对幸福都非常重要，但是其中一个最为关键。

环　境

在影响个体幸福感的所有因素中，我们实际所处的环境，如健康、财富、地位等，带来的影响比例大概只有 10%。大量科学研究已经证明了这一点。例如，“最富有的美国人，他们每年大概能赚 1 000 万美元，但是他们自认为的幸福水平，却只比他们雇用的办公室工作人员和蓝领工人报告的水平高一点点”。生活在贫穷或者困境中的人所报告的幸福水平往往和那些富裕者没有明显的差异。正如前文所说，幸福和幸福感要基于物质条件之外的很多因素，而一个重要因素就是每个个体的生物遗传性。

生物遗传性

我们每个个体的幸福能力一部分是由遗传而来的，这是我们生物构造的一部分。对同卵和异卵双生子的研究表明，人类从生父、生母或者双亲那里继承了幸福的基点：“这是我们的幸福感会始终趋于回归的基准线和潜在水平，甚至在经历过巨大的挫折和成功之后也是如此的原因。”柳博米尔斯基曾这样说。我相信你一定能从自己和身边的人身上看到这一点。有些人天生就很快乐，而有些人则看起来天生就是忍辱负重的样子。但是，外表和经历其实并没有必然的联系。

我的父亲在他 45 岁时经历了一场灾难。他和我的母亲一共育有 7 个儿女。在年近半百时，他在利物浦经济危机中经历了几个月的失业。最终，他找到了一份工作，是在一家建筑公司做钢架安装工人。开工不到几个星期，一根很大的木梁从高处掉落，砸中了他的脖子！之后好几天，他都处在危险期中。最后，虽然他活了下来，但在接下来的 18 年都四肢瘫痪，只能躺在病床上或坐在轮椅里。

在这场事故之前，父亲是一个身体非常强壮，而且非常有人格魅力的人，他善良、体贴，而且聪明幽默。事故之后，我们所有人都在为未来而焦虑。尽管父亲再也不能走路或拿东西了，但是他始终保持着自己的性格和精神状态。在母亲的支持和爱护下，他依然是一家之主，给每一个人带来鼓励和欢笑，并将智慧传递给我们。

我知道，在事故发生后的几个月里，他非常绝望，甚至考虑过自杀。但最终，父亲的精神状态恢复到了事故发生之前的样子。在父亲最后的 18 年里，他过得很精彩，很享受自己的生活，也给我们的生活带来了意想不到的丰富与深刻体验。

父亲之所以能恢复他的生活态度，并在最后的生命中非常开心，原因之一就是我伟大的母亲。母亲有着无穷的精力，对人和生命都有着巨大的关切。我的外公外婆也育有 7 个子女，分别是 6 个女儿和 1 个儿子。母亲出生在 1919 年的利物浦，正值第一次世界大战之后。外公是一位戏剧摄影师，在母亲很小的时候就因为车祸去世了，而外婆则一人帮助全家挨过了第一次世界大战到第二次世界大战之间的艰难岁月。

在我的记忆里，我小时候总是和姨妈、舅舅以及很多表亲在一起，20 世纪五六十年代，家里亲戚来往得很密切，家里总是很热闹。母亲有不俗的设计品位，她非常喜欢戏剧、时尚、电影和舞蹈。她热爱用双手去创造，喜欢收集与装饰玩具屋和模型，还能做布娃娃。有一段时间，我们家族的婚礼和庆典上的高潮总是大家一起跳踢踏舞“百老汇摇篮曲”（*Lullaby of Broadway*），她总是第一个上场。

无论发生什么，母亲都永远往前看，下一个项目、下一件事、下一次旅行和下一次聚会。母亲在没有任何家用电器，也几乎没钱的情况下，在我们都还小的时候，甚至在我父亲在他们婚姻最后 18 年的岁月里都无法动弹的情况下，做到了所有这一切。母亲还要照顾几个子女，应付这个大家族中各种各样的问题。但是与我的父亲一样，母亲对一切困境绝不服输，对生活充满无尽的热情。他们相亲相爱而且相守一生。他们的性格在一定程度上决定了他们的幸福，不管他们要面对什么。

你的特质对你自己的幸福水平和幸福感有多大影响？研究表明，任何时候，个体特质对幸福的影响程度都能达到 50%。所以，如果你的生物特征在这么大程度上决定了你的幸福水平，而你又对它无力改变，你的物质条件也无甚作用，那么你要怎么做才能变得更幸福呢？好消息是，有很多方法可以做到。无论你的特质和处境如何，你都有比自己能想象到的更大力量去提升自己的幸福感。

行　为

研究表明，你的选择对你的实际幸福程度会产生 40% 的影响：你选择做什么，以及你选择如何进行思考和感受。换句话说，就是你自己的行为。幸福的关键不是去改变你的基因，你也做不到；不是要改变你的处境，有些可能根本无法改变；而是要改变你“日常的自觉活动”。发现并顺应天赋是这一过程中的关键部分。

法国佛教僧人马修·李卡德（Matthieu Ricard）是一位非常有才华的作家，也是威斯康星大学麦迪逊分校一项关于幸福研究的被试，被称为“世界上最幸福的人”。在《幸福：生命中最重要的技能》（*Happiness: A Guide to Developing Life's Most Important Skill*）一书中，李卡德这样写道：

人们常常将幸福等同于那些琐碎之物，就像一位法国女演员所说的，“对我而言，幸福就是吃一盘美味的意大利面，或是在雪夜的星空下散步”之类的。我遇到很多人对幸福的定义是相互矛盾的，或是模糊不清或肤浅的。关于心智的科学分析和思考启发了我，我领悟到了它们的善意，所以我踏上了揭示幸福的真正意义和机制之路，当然，还有痛苦。

李卡德说，他已经“开始理解有些人尽管天生比他人更快乐，但是他们的快乐依然非常脆弱，并有残缺。**获得长久的幸福感是一种技能，它要求坚持不懈地磨炼心智，形成一系列人性品质，比如内心的宁静、正念和无私的爱**”。

规划幸福

几年前，作家格雷琴·鲁宾（Gretchen Rubin）决定让自己幸福，即使她和她丈夫承认自己已经比较幸福了。她详细记录了自己的《幸福计划》（*The Happiness Project*）。这本书的副标题寓意深远：“我为什么一年里都在清晨唱歌、打扫衣橱、锻炼身体、阅读亚里士多德的著作，并获得了诸多乐趣。”她选择在生活的各个方面提升幸福感，比如婚姻、工作、娱乐和金钱等，每个月提升一方面。

“目前的研究表明，幸福的人更利他、更有效率、更爱助人、更可爱、更有创造力、更有韧性、对他人更感兴趣、更友好和更健康，”鲁宾说，“幸福的人是更好的朋友、同事和公民。我也想成为这种人的一员。”在她的“幸福计划”网页上，她列出了“4大绝妙真理”。第4条我认为是最重要的：**如果你觉得自己不幸福，那么你就不会幸福。反之，如果你认为自己幸福，那么你就是幸福的。**

我提到的所有作者都在讨论真实而深刻的幸福，他们也常常以自己的方式讨论发现天赋的问题，也就是安德鲁·韦尔所说的，“知道自己成了自己应该成为的人”，是马修·李卡德所说的“坚持努力”的结果，是格雷琴·鲁宾“幸福计划”的核心，索尼娅·柳博米尔斯基的“自觉活动”，以及汤姆·拉思和马丁·塞利格曼对幸福的观点。

幸福和意义的结合能将你的生活从按部就班变成一种享受。

超越自我

幸福是一种内心状态，如果你能超越自己，开始关注他人的需要，幸福感就会更强烈。狄恩·赛康（Dean Cycon）从年轻时起就心系弱势群体：

> 我的第一次弱势群体冲击体验来自纽约大都会棒球队，我那时10岁，大都会队刚成立，它的前10场比赛都失败了。这支球队里全是些应该退役的老弱病残，他们除了拼命外别无他法。但是我被他们顽强的意志所深深触动了，也完全沉浸在了这支弱旅拼命抵抗对手的兴奋之中。

学生时代，狄恩花了大部分时间为那些备受欺凌的学生维权。虽然他自己也不是特别高大，但是他内心有一种强烈的呼唤，想要为弱者的权益而行真正的抗争。在还是孩子时，他已经清楚地知道：只要你奋斗不止，就一定能伸张正义！但是，高中时的一则广播彻底启发了他。

> 我正在看新闻，约翰逊总统在电视中发表了暂停对越南北部轰炸的声明。我立即意识到，他这么做的唯一原因就是，大众对美国干涉越南事务的愤怒抗议。而这种抗议力量的领袖正是一些伸张社

会正义的律师，比如威廉·肯斯特勒（William Kunstler）。我那时就说："这就是我要做的事情。"

于是，狄恩成了一名律师，在大学时代他对美国原住民的抗争非常感兴趣，意识到必须保留他们自己的土地和文化。他边接一些赚钱的案子，边花大量时间为美国原住民维权，这让他声名显赫起来。

一位年轻律师要帮助原住民对抗政府和大公司的消息在社会上传开了。我开始接到来自美国各地的电话，后来就是加拿大的，最后甚至是来自世界各地的电话。我开始和拉丁美洲的原住民合作。后来，我还被邀请去多所大学进行原住民问题和世界森林环境问题的演讲。

其中一次演讲的主题是关于巴西农民的，在罗德岛大学举行。演讲结束之后，一位教授私下对狄恩说，他的一位朋友在美国罗得岛州府普罗维登斯拥有一家咖啡店，就是从巴西购买咖啡的，因为这个朋友知道种植咖啡的农民收入很少，生活很贫困，他想要帮助这些农民，但不知道有什么办法。这位教授觉得跟狄恩说可能会有所帮助。

我意识到，帮助这家咖啡店老板能推动我热爱的事业。1998年[①]，我们成立了"咖啡的孩子"（Coffee Kids），这是世界上第一个在咖啡生产地成立的非营利性组织。我的工作就是进入村庄，和农民交流，建立一些项目来解决他们最关心的问题，无论是饮用水、学校问题，还是收入问题。我的搭档会去到全美的咖啡公司，寻求它们的资助。这是一件伟大的事情，但是几年之后我发现了一些问题。当我们在为农民们做一件伟大的事情时，咖啡公司却只愿出几千美

① 此处疑作者记述的时间有误。——编者注

元支持这些项目，它们对那些村庄的看法并没有改变，所以贫穷的恶性循环并没有被打破。这些公司依然打着广告，好像它们真的在改变世界似的。我想，如果这些公司能为种植咖啡豆的农民们支付不错的薪水，情况肯定会有所改变。

这时，狄恩已经知道自己再也不想做律师了，自己并不适应在繁复的日常法律事务中碌碌无为。但是，他也知道自己要去做比“咖啡的孩子”更伟大、更有社会意义的事情。

如果让咖啡公司参与到这些种植咖啡豆的村庄的更大事务中去，会怎么样呢？让他们感觉到自己对如此便宜的原料产地的现状负责任的话，会带来什么变化呢？一家公司是否可能承担这种责任并持续盈利？如果这可行的话，我就创造出了一种新模式：商人们既可以关心他人，也可以保持盈利。1993 年，“狄恩的豆子”（Dean□s Beans）成立了。

18 年后，“狄恩的豆子”的线上、超市和实体店里的咖啡都非常热销。这家公司直接与 14 个国家和地区的咖啡豆种植者合作，并设立了公平的发展项目。对于狄恩来说，这是一个亲力亲为的过程，他一手创建了这些项目，满世界地跑，并最终实现了它。

如果我是一个胆小的人，就不会这样做，因为我去的有些地方非常危险，卫生条件不好，容易得病，而各地的文化也截然不同。但我喜欢冒险、喜欢旅行、喜欢不一样的文化，也喜欢探索，这就是我性格的一部分！我总是听到有些人这样评价：“天啊！我绝对不会去埃塞俄比亚，还住在那样的村庄里！”或者：“我绝不会去巴布亚新几内亚，而且还得在 7 000 人面前赤条条的！”说实话，我真的很佩服那些能在法庭上辩论和写诉状的律师，但我真的做不到，这也是我为什么会离开法律界的原因。我不能坐在办公室里，却一个字也写不出来。

狄恩商业模式的成功也证明了，盈利和社会责任是完全可以相容的。现在，如果他不在苏门答腊岛帮助本地人开垦荒地，或在秘鲁开发低碳咖啡，就是在给人们讲授自己的商业模式。“我喜欢让大家热爱我所热爱的那些东西，”他告诉我，“而且我有这样的天资。”与他人一起工作，帮助他人提高，尽可能地增强他人的意识，都让狄恩感觉到了幸福。

像狄恩·赛康一样，魁克·柯伯格（Craig Kielburger）也有很清晰的目标，这让他去做了青春期很少有人想到的事情。1995年的某个早晨，柯伯格正在《多伦多星报》（*Toronto Star*）上找漫画那一版，突然看到了一行标题：《反抗的童工，12岁男孩被谋杀》。这篇文章讲述了一个叫伊克巴勒·马西的巴基斯坦男孩在4岁时被卖身为奴，后来成了为有同样可怕遭遇的儿童伸张正义的代表，而这最终为他招来了杀身之祸。柯伯格发现，这则新闻以一种前所未有的方式感动了他。他决定尽可能地了解人权，甚至说服父母让他跟着一位加拿大的人权活动家去南非进行调查。他看到童工在非常悲惨的条件下工作，这些经历从此改变了他的人生，赋予了他人生目标。当他回到家后，立即召集了一批初中同学开始一起捍卫全世界儿童的权益。“一开始我们并不引人注意，”柯伯格这样谈起最开始的努力，“我们向一些政府官员和企业老板发请愿书。接下来，我们中的一些人在学校和宗教或社会团体中进行演讲，从那以后我们的队伍才迅速壮大起来。”

这些孩子最初在加拿大多伦多康山区建立了儿童组织，最后发展成了“解放儿童”组织（Free the Children，FTC），一个世界上最大的儿童救助儿童组织。

“解放儿童”组织发起了45个国家和地区的教育与发展计划，其目标在于“将儿童从贫穷中解放出来，从剥削中解放出来，从他们无力改变的观念中解放出来”。如今，已经有1 000多名年轻人加入了“解放儿童”组织。他们募集到的钱已经在发展中国家建立了几百所学校，向这些国家的医疗援助和发展计划捐助了几百万美元，让这些国家的儿童得以摆脱童工和童军的成长道路。

柯伯格在组建“解放儿童”组织时遇到了无数困难和挑战，但是他那强烈的目标感不允许他退缩。他在接受某次采访时说：

> 虽然“解放儿童”组织建立的初衷是要消除童工剥削和贫困，但我们面临最大的挑战，还是要证明“年轻人并不是冷漠无情的，而是能创造伟大变革的人”。“解放儿童”组织向全世界展示了年轻人的智慧、创造力和洞察力，而且有着将绝望与挫折变成积极行动的神奇力量。有谁能比年轻人自己更了解年轻人呢？
>
> 在我离开南非启程回家的前一天晚上，多伦多一位电台脱口秀的主持人曾说，我这个年纪的人应该是沉浸在女孩、性和电子游戏中，绝不会是在关注童工问题。这么多人对“正常”儿童的定义让我震惊！他们对儿童的精神和热情的理解非常狭隘。

时至今日，柯伯格已经不只是自己组织的代言人，更多是行动主义的代言人。很明显，他很清楚，为别人满意的生活做些有意义的事情是多么重要，所以他提倡年轻人应该尽早地参与到自己认同的伟大事业中去。他甚至总结了儿童开始履行自己社会责任的7步计划：

- 发现热情，选择方向。
- 研究现实情况。

- 建立“梦想团队”。
- 开圆桌会议。
- 设定任务，定下目标!
- 行动!
- 迎接恐惧!

发现天赋是提升幸福感的重要方法，即便它不能保证你总是很幸福。哪怕是那些已经发现天赋的人，也会有糟糕的时候。他们依然要面对烦人的朋友和同事，要面对诸事不顺的逆境，也要应付失眠和压力。但是，我始终相信两件事：第一，顺应天赋会大大增加你幸福的概率；第二，做某些事情时有强烈的幸福感，就是你可能会发现自己天赋的好兆头。

FINDING YOUR ELEMENT 左思右想

请思考以下问题：

- 在之前的生活中，你幸福和不幸福的时间比例各是多少?
- 你觉得自己什么时候最幸福?
- 你觉得自己花时间最多的事情是否真的有意义？是对你自己，还是对别人?
- 你觉得这种意义对自己是否有好处？是什么好处呢?
- 你认为在自己的人生中，成功是什么?
- 什么事业能让你充满斗志?
- 你如何制定自己的“幸福计划”呢?

我们对世界的认识取决于我们的态度和思维模式。固定型思维认为天赋是与生俱来的，而成长型思维认为人们可以通过努力拓展自己的天赋。有时，我们不但要改变自己的态度，还要改变他人的态度。

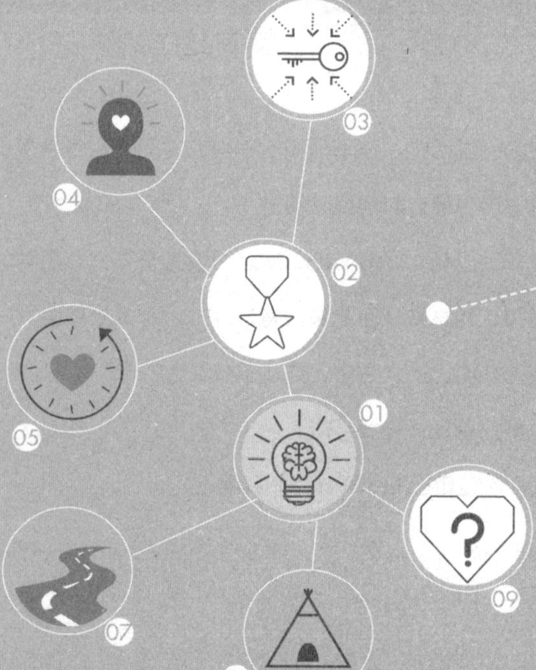

FINDING YOUR ELEMENT

06 你的态度是什么

How to Discover Your Talents and Passions and Transform Your Life

要想顺应天赋，就必须接受它。探寻天赋不仅与天资和热情有关，还与态度有关。在第 4 章里我们说过，天赋和积极情绪而非消极情绪有关，而且它和真正的幸福感关系密切。而在第 5 章中我们说过，影响幸福的两个主要因素是天生特质和实际行为。在这一章中，我们将看看态度如何帮助或阻碍你发现自己的天赋，以及这些态度与你主要的气质特点、性情以及人格类型有什么关系。

到了这里，你可能已经对自己的天赋有了更多了解，对自己热爱的事情也有了更清晰的认识。如果是这样，恭喜你！如果没有，也不要担心。这是一个过程，不是一个测试。如果你能坚持不懈，就能更接近自己的目标。**成功与否都取决于某件事情对你来说有多重要，以及你完成它的决心有多大。**如果你知道自己的天赋是什么，那么就需要靠自信和决心来实现它。如果你不知道它是什么，那么就应该先去找到它。

在追寻天赋的过程中，十有八九会遇到各种困难。有些困难是外部的，你可能被周围的环境、文化水平、工作或失业、家庭和朋友的态度，或者经济压力等所限制（我们在第 7 章会探讨这些问题）。但是，还有一些障碍来源于你自身：你可能在目前的处境中过得太舒服了，所以根本不想冒险；你可能因为改变所带来的不确定性而选择了自己不太喜欢的生活；你可能因为自我怀疑或缺乏自信而打了退堂鼓。但是为了发现天赋，你必须弄清楚自己真正的障碍是什么以及在哪里。

你的水杯有多满

在《让天赋自由》这本书中，我引用了莎士比亚的著作《哈姆雷特》中的名句："事无善恶，思想使然。"这句话揭示了一个基本事实。我之前说过，我们并不是用直觉看待世界和自己，而是通过思维、感觉和价值观来理解。一部分思维、感觉和价值观来源于我们身处的文化，有一部分来源于我们独一无二的人生经验，还有一部分来源于我们的人格。就像有些人喜欢某些事情而某些人却会厌恶它们一样，我们每个人都是通过不同的滤镜来观察世界的。

在本书中，我始终反对将人进行简单的分类以符合自己的预期，因为我们每个人都无比复杂，而且总是会随着时间和个人经历而产生变化。我们之前讨论的所有方面，如天资、学习方法和热情，没有一个比特质和态度还复杂。所以，你必须做一些功课。

FINDING YOUR ELEMENT 发现天赋训练营

训练方法 11：你是如何看待事物的？

在这一章中，我将对几个概念，如人格、气质、性情和态度做出简单定义。我们也将看一看试图将人们分成几类人的方法。在你阅读本章前请做如下思考：

◎ 仔细思考这些分类或性格类型对你来说有没有意义，以及对你的适用程度。你是否觉得某种类别准确地描述了自己的情况？

◎ 写下一些符合和明显不符合，至少是现在明显不符合你世界观的关键词。

◎ 这些关键词之间是否有什么联系？用 4 种不同的颜色标记，并用一个圆圈圈住某一类，以区分出以下 4 类特点：

- 积极的；
- 消极的；
- 推动你的；
- 阻碍你的。

◎ 看一看整个列表以及你对它们的颜色标注。你认为它是对你世界观的准确描述吗？你是否觉得还有改变或改进的空间？

在你读完这一章时，在网上搜索一下“态度测试”，你会发现更多搜索结果。

冲破障碍

一些人很容易就发现了自己的天赋，没有什么阻力；有些人则必须打破他人的看法艰难前行，有时甚至需要突破自己的态度。以杰夫·林奇（Jeff Lynch）为例。根据工作职责，当他知道通用汽车公司在招聘雪佛兰汽车部培训师的时候，他压根儿就不应该去面试，尽管这是他最希望得到的一个职位。这个职位要求大学学历，但是杰夫一天大学也没有上过。而且，他还得去买一套西装和一双能搭配西装的皮鞋才能去参加面试，并且要洗干净这双当地雪佛兰经销商店的维修“神手”(他自封的)。总之，希望看似渺茫。

但是，最终杰夫得到了这份工作。就像我的哥哥德里克一样，杰夫对汽车也无比热爱。“从我能走路以来，只要能拿到的东西我都会将它们拆了又装，装了又拆。”而且，他对这些东西的热爱和天资，也让面试他的通用汽车公司高管甚至忽略了他完全没有接受过正规教育的情况。自从他获得这个职位开始，他就必须应对自己从未遇到过的全新环境。

我得到了这份工作，我的整个人生都改变了。在一周之内，我飞到了圣路易斯去学习怎么做雪佛兰部门的一位培训师。我之前从未坐过飞机，也没有离开过我生活的城市。在这一周的周末，我还要开车回家，把车停在停车场后走到家，我简直快吓死了！但是，当我到家时，我意识到:“哇！我做到了！”没有人知道我有多害怕！

杰夫在这个职位上的表现很突出，但是这并不意味着他从此就会一帆风顺。客服代表的晋升又成了他的新障碍。

这是一份非常重要的工作，因为你必须不断进取，授权每年几百万美元的维修费用以服务顾客。我很讨厌这种工作，因为你一旦掌握了财政大权，那么每个人就都会想找你要钱，所以他们会对你撒谎。这对我来说可不是好事。我的一位朋友正在通用汽车的戴德姆培训中心工作。我从小就在戴德姆长大，而且一直不断地了解它。我告诉了我所在雪佛兰部门的老板，我很感激他曾经对我的帮助。我告诉他，我很讨厌现在这份客户代表的工作，我认为自己可以做培训师这份工作。所以他帮助我进了面试。

杰夫的下一个障碍是他的年纪。他比这个领域的其他培训师都要年轻，而这个领域又是非常讲究经验与阅历的。这一次，他们还是给了杰夫一个机会，让他成为培训中心历史上最年轻的培训师，而且是唯一一个没有大学学历的培训师。“幸运和机遇很重要。”他告诉我。但是，他接下来要说的可能才是最关键的：“其实，最根本的是，当机遇来临时要高度关注，而不是让它擦身而过。”

对杰夫来说，虽然生活总是一次次亮起红灯，但是这个坚定的年轻“赛车手”却总能一路前行。他的新职位需要他理解工程师的工作以帮助机械师完成工作，在日益计算机化的世界里，这就像学习普通话一样。杰夫不仅没有被吓倒，而且根据他天生对汽车的理解和他现学的维修工经验，用其他资深培训师无法达到的方式理解了这些信息。

> 我开始获得一些材料并对它们进行改写，做成我自己的小册子。人人都开始用这些小册子，所以我开始为培训中心撰写教材。我猜他们明白，让我做事比跟我作对要容易多了。最终，我写出了一批在当地出版的书，非常热销。我从自己所有的书中挑选了三本，最终让它行销全球。
>
> 但凡关于汽车的所有电脑产品或程序一出现，我就完全能理解。这些东西让我们能在便携式扫描仪上观察电脑数据。但是扫描仪的数据更新得很慢，所以你时不时就会遇到各种棘手的问题。所以我决定，也觉得有必要加上真正的好监测仪。在马萨诸塞州的伯林顿，有一家泰克公司（Tektronix）的经销商。监测仪要很大一笔钱呢！所以，我联系了这家经销商并进行了自我介绍，告诉他们我想做什么。后来，经理过来了，我向他解释了自己的想法和需求。他带我认识了一位技术人员，这个技术人员联系了客服经理，接下来我就和他们总部的人通上了电话。
>
> 我最终得到了免费的设备，因为我很机智地跟他们谈判，我不是那种听起来很自以为是的人。我也让他们觉得他们的产品有机会

拓展出一条前所未有的销售渠道。接下来，我带着泰克公司的代表在美国巡视了两周，告诉他们如果他们免费提供监测仪，人们就会使用它。我还接到了一个工作,受邀写一本如何使用泰克监测仪的书。这件事情一发不可收拾地带来了很多其他生意。最后，我在各所大学和职业学校进行演讲，以至于最后成了好几所培训学校的董事。

这对于曾经那么担心自己不具备资格，几乎要失去第一次机会的人来说，可以算得上一个质的飞跃。杰夫·林奇在人生中比较早的时候就认识到：**真正阻碍你的往往是你自己的想法。**“我没有看到大家所说的障碍。对于与泰克公司的合作，我只是走到店门口开始与人交谈。我对自己做的每一件事情，从不后悔。”

杰夫现在虽然已经退休了，但是他不断突破自己的旅程并未结束。他经营了一家生产和维修高性能汽车的公司，而且业余时间还在设计一款具有变革性的发动机。我认为无论他从事哪个方面的工作都会成功，因为他总是能深刻而清楚地了解自己的位置和目标。

杰夫的故事有力地阐释了：**发现天赋的唯一关键就是自己的态度。**固然，杰夫在自己从事和热爱的事情上很有天资，但是换作他人，他们可能因为觉得自己不具备官方要求，或因为欠缺要求晋升的主动性而遭到淘汰。杰夫就不是这样。正如他自己所说的，他看不到别人所说的障碍。他的故事非常巧妙地证明了：**有时候你没有看见障碍，是因为它们本来就不存在。**

气质、性情和性格

在第 4 章中，我简单区分了心智、意识和人格的不同，并且提到“人格”就是你的总体世界观与你对自己和周围世界的个体倾向。当然，人格有很多方面，我简单地说明一下本书提到的人格的最重要的三个方面：气质、性情和性格。就像表达“爱”有很多词汇一样，这三个词语的使用也常有重叠之处，有时甚至可以作为同义词。但是，它们每一个都表明了人格的不同方面。

“气质”，指的是行为、感受和反应的典型模式。你的天生气质会影响你看待世界的角度，影响你的行为、兴趣以及热爱的事物。当我们说有些人具有艺术、科学或宗教等气质时，就是这个意思。“性情”，指的是你通常的情绪和态度：你是否容易开心、冷嘲热讽、乐观积极或消极沉闷；或者你面对半杯水时，会认为是有一半还是差一半。“性格”，指的是你的整体道德品质，包括诚实、忠诚、勇敢、果断等，以及它们的反面和变体品质。

你的生物遗传性影响了你的幸福水平，因为它会影响你的气质、性情和特质。但是，它并不能决定这些。区分气质和性情的方法之一就是，**气质是你与生俱来的，而性情是在你的人生经历中发展而来的。**你的一些气质特征是相对稳定的，而你的性情几乎会随着你阅历的增加和逐渐成熟而不断变化，你对自己的态度和对自己成就、能力的态度也是如此。

气质和性情是你对世界的总体定位，而态度就是你气质和性情的表达，但是后者往往更为具体。生理态度就是我们在做一些具体事情时的状态：网球运动中的一个发球，举重、准备跑步或者准备迎接挑战的状态。所谓的心理态度也是我们的一种状态，比如对一种情景、一件事情或一种关系的状态。

一种态度就是一种观点。在几何学里，态度表示的是倾斜的角度；而在意识中，态度就是你认知事物的角度或观点。两个人对同一个情景的看法可能会完全不同，就像被告和原告双方律师各执一词一样。他们可能就是因为物理位置不同而导致看到的内容有所不同，也可能是在同一物理位置上但从截然不同的立场来看待。

性情和态度是可以改变的。新观点和信息、新见解和体验都会重新构建你看待事物的方式。无论你是看到有半杯水还是看到差半杯水，这都是选择和经验的问题。这对你能否发现天赋和如何发现它都有举足轻重的影响。现在，我们来看看苏·肯特（Sue Kent）的故事吧。

全力以赴

苏·肯特住在威尔士的斯旺西（Swansea），是一位经验丰富的按摩师。2012 年，她是伦敦残奥会官方按摩师中的一员。她在伦敦和斯旺西还做了其他事情，如对其他人进行按摩技巧的培训。苏·肯特的成就之所以如此受人瞩目，是因为她的胳膊天生严重发育不全，只有 20 厘米，而且总共只有 7 根手指，她不能用手按摩，而是用脚。所以，按摩时她的客户都躺在地上，而她则坐在一条长凳上。

苏的胳膊之所以没有正常发育，是因为她的母亲在怀孕时服用了镇静剂沙利度胺。在 20 世纪 70 年代的一段时间里，沙利度胺常常被用来缓解怀孕早期的恶心呕吐症状。后来，科学家们发现这种药物会干扰胎儿的正常发育，从而导致畸形胎的出现，在法律界与医学界的强烈反对下，沙利度胺最终被禁用。但还是有 1 万多个婴儿受到了影响，其中很多天生就患有非常严重的生理残疾。苏就是其中之一。

苏现在已经 50 岁了，很久以前她就决定突破自己从小就必须面对的很多挑战。几年中，她一直在积极地学习游泳、骑马、冲浪和芭蕾舞。“我总是在限制自己的行动。”她说。其实人们看到这样的残疾人士越多，“他们就会越习以为常，也就不会产生一些愚蠢的看法”。

后来，苏结婚了，也有了孩子。当她的孩子过了“保护期”后，她还是决定继续挑战自己和他人。她曾经做过一段时间的营销和广告，但是因为父母病重必须照顾而不得不放弃。在苏回归家庭的这段时间里，她的儿子在航海时背部受伤，她从此开始为他按摩以缓解他的疼痛，效果很显著。所以，她开始考虑是否可以以按摩为职业。最终，苏申请了威尔士大学认证的运动按摩培训项目，而她的一些导师怀疑她是否能用脚完成按摩。这确实是一项很艰难的任务，苏花了一年多的时间锻炼她的按摩技术，让她的腿部和脚部肌肉能有效地进行按摩。

大多数人的双脚会因为经常走路而变硬，所以苏必须让它们保持柔软和灵活。通过一系列的足部训练和治疗，她找到了一个很好的解决方法，她请求一家手套生产厂为自己定做一些保护双脚的橡胶脚套，让她“能整天走动，完成其他工作”。苏用她的成就证明，那些怀疑她的人都错了。后来，她还开了一家公司，名为“乐足”（Enjoy Feet）。到目前为止，她是英国唯一一位能用双脚按摩的运动按摩理疗师。

> 我碰到的大多数人一开始都会很好奇，但是他们后来都说，那感觉就像一双真正的大手在按摩一样。而且，因为我能按摩到更多皮肤，所以感觉更好了。拉伸的时候很有趣，因为我必须把客户的脚夹在胳肢窝里。我曾为很多男性甚至举重运动员按摩过，因为我的按摩更加有力。我用双腿按摩的优势，可以不费力地对这些肌肉进行拉伸放松。

在做了3年的职业按摩师之后，我被委派到伦敦残奥会的团队中。这是一个非常激动人心的成就。我希望看看自己能不能真的应对那些高水平的运动，因为残奥会上的运动员所做的都是非常惊人的，我迫不及待地想参与其中。我希望改变人们对残疾人的刻板印象，我希望自己能鼓舞其他残疾人，告诉他们不必永远坐在电脑前。

苏·肯特的故事正是卡罗尔·德韦克（Carol Dweck）所说的，“成长型思维模式”的典型例子。

改变你的思维模式

卡罗尔·德韦克是斯坦福大学的一位心理学家。20多年来，她主要研究人们的性情和态度是如何影响他们的成就的：**“你对自己的看法能决定你是否能成为自己想成为的人，以及你是否能实现自己的价值。”**在她所著的《看见成长的自己》（*Mindset*）一书中，德韦克描述了两种非常不同的态度模式，她称之为固定型思维模式和成长型思维模式。

拥有固定型思维模式的人总认为，诸如智商和天资这种个人特质都是天生注定的，而且固定不变，这是“板上钉钉”的事情。思维模式固定的人常常会“需要一次又一次不停地证明自己”。如果你认为自己的智商平平，人格和道德品质都一般，“那么你最好能证明自己的这些东西都不赖，因为认为自己在这些基本特质上有所缺陷会让你感觉很糟”。

固定的思维模式会不断被强化，德韦克说，它会被一些教育模式和那些总是给出确切智商分数的热门智商测试所强化。很多拥有固定型思维模式的人总觉得自己应该在课堂、职业和社交中，“耗费所有去证明他们自己”：我会成功还是失败？我看起来很聪明还是很愚蠢？我会被接受还是会被拒绝？我觉得自己是个赢家还是败将？拥有固定型思维模式的人会认为，天赋和性情都“只是你摸到的一手牌，而且没有重新洗牌的机会”。如果你这样认为，那么你就会发现，自己“总是在试图说服自己和他人相信你有一手同花顺，而你却在为手里只有一对10而偷偷担心”。

成长型思维模式就完全不同了，它的基本观点是：你可以通过努力拓展自己的天资和可能性。尽管人们在他们的生物遗传性上的表现各不相同，但是拥有成长型思维模式的人相信，“每个人都可以通过实践和经验来改变和成长”。

关于人类发展的最古老的争论之一就是，先天和后天的关系。你的能力和成就是由遗传决定的，还是由经验决定的？目前，主流科学和哲学观点都认为，先天和后天之间存在一种动态关系。它们对彼此有着非常深刻的影响，就像你的身体，你在生活中的新体验，以及新技能会产生新的神经通路和网络一样，大脑也会因此持续地进化。

卡罗尔·德韦克的观点正是基于这种成长和进化原则。她说：“每个人都有着独一无二的基因遗传。人们一开始会有不同气质和不同态度，但是经验、训练和个人的努力会塑造它们的未来。”成长型思维模式扎根于以下这种观念：只有当人们以正确的方式成长和经历磨炼，拥有正确的努力和目标时，我们才能知道他们到底有多大的能力。“不断拓展自己的热情，以及在困境中坚持不放弃就是成长型思维模式的典型特征。”

我们再来看一个成长型思维模式是如何帮助人们在各种困难中发现自身天赋的例子。

我在第 3 章中说过，如果你住在远离海洋的地方，从来没有驾驶过船，就永远也不会知道自己是不是拥有航海的天资。对于航海家艾伦·麦克阿瑟（Ellen MacArthur）来说就是这样！艾伦有着绝对不平凡的航行经历。在 22 岁时，她是单人帆船不间断航海的最快纪录保持者。一开始，没有任何迹象表明她会以航海为职业。她出生在英国一个远离海洋的穷人社区里，根本不可能成为一位职业航海选手。但是从很小时，艾伦就心系海洋，梦想着去航行。

> 自从我 4 岁时第一次航海以来，全球航行就一直是我的梦想。我的西娅阿姨买了一条船，并花了两年时间准备出海。我的奶奶带着我哥哥和我去东南海岸航行了几天。我至今依然非常清楚地记得第一次看到这条船时的兴奋感。当我跳上甲板，弯着腰进入狭小的船舱时，我看到了一个微缩版的小房子。我们升起船帆的那一刻至今历历在目，似乎就发生在昨天。当船乘风破浪时，我体会到了一种前所未有的自由。作为一个生活在遥远内陆德比什尔地区的孩子，这种体验简直让人难以置信。
>
> 从那一刻起，航海占据了我的人生，尽管没有朋友能跟我分享这种热情。我一直在一个矿镇上读书，这个镇上现在已经没有多少矿产了，雄心勃勃在这个凋敝的小镇里也不是什么好事。如果我说自己的理想是环球航海，估计每个人都会觉得我是个疯子。但是，我心里一直就是这么想的。

还在读书时，艾伦就把所有生日和圣诞节的钱都省下来，最后她也确实凑到了足够的钱。但是，她还是觉得有必要把自己的航海梦放一放，先去读大学。她想在大学里学习兽医专业，但是因为考试分数太低，再加上一场传染病腺热病，大学变得遥不可及。她现在才觉得，这次挫折是“她最幸运的一次遭遇”。

> 我生病后的第三个星期的某天中午12点，电视上正在播一个叫作 *Whitbread Round* 的国际比赛节目。当我看到节目时，我的环球航海梦突然变得不再遥不可及了。航海选手们在电视屏幕上频频出现，我突然意识到自己不需要买一条船也可以去航行全世界，我可以去找赞助者。
>
> 一个星期后，我就不再卧床了。两个月后，我已经躺在英国东海岸的赫尔航海学校的地板上，学习如何航海与导航。我每天晚上都学习到很晚，了解各种电脑程序的指示灯，也在河畔反复辨认各种船只。一年之后，我离开了这个港口，开始了自己第一次环绕英国的单人航海。这一年是1995年，这一年我18岁。在开始的4个半月的航行里，我一直独自顺着河流而行。我感觉到自己的未来正在徐徐展开！

在这一年里，艾伦两次穿越大西洋。在接下来的两年里，她又完成了三次穿越，其中两次都是独自一人的旅程。她一直在找赞助者，但没有斩获，因为她在航海界名气不大。但是，在22岁那年，她的环球之旅得到了英国翠丰集团（Kingfisher PLC）的赞助。

> 我生来就属于海洋。从浩瀚的海洋里收集信息，再将这些信息变成速度。而在此之中的任何差错都可能葬送自己的生命。第一次驾驶着我的“翠丰”号，我真的感觉自己像置身天堂。我实在太开心了，所以前半程我的状态一直很好。两个星期之后，我赢得了自己人生中第一个单人帆船世界冠军。同年稍后，我参加了法国旺底不靠岸单人环球航海赛（Vendee Globe），并获得了亚军。4年之后，我建成了属于自己的长约23米的三体帆船，也成了世界上不靠岸单人环球航海最快纪录的保持者。我从事着自己梦寐以求的工作，过着梦一般的生活。我相信任何事情皆有可能。

发现天赋必须先发现自己的态度和热情。艾伦很小时，就在几乎不可能的情况下发现了自己的天资与热情。对于苏·肯特来说，她必须挑战自己的极限，并坚信自己一定能将天资变为现实。对她来说如此，对你也一样，这关乎态度和人格。

星座与人格分类

你是什么类型的人格？事实上，每个人的人格都是各不相同的，就像我们的外表一样。正如每种文化对“爱”都有不同的定义一样，“人格”也有各种各样的分类，包括科学、形而上甚至是星座等玄奥的分类。然而，没有一种分类能够被大众普遍接纳，因为人类实在是太复杂了。

人类对人格的最早分类可以追溯到公元前 1 000 年，是由现今中东地区的占星家们创造的。在这里，我不再赘述这些星座分类的细节，因为大家都很熟悉。但是，这种分类的基本原理却是非常有趣的，分类基于 4 种元素：水、土、风、火。每一种元素都和星盘的三种星象有关：

- 水象：双鱼座、巨蟹座和天蝎座；
- 风象：水瓶座、双子座和天秤座；
- 土象：摩羯座、金牛座和处女座；
- 火象：白羊座、狮子座和射手座。

根据星象学来说，你的人格特征就是生日对应星座的特点。有趣的是，如果你对这类刻板印象有兴趣的话，会发现风象和火象星座一般被描述成积极、外向和阳刚的性格，而水象和土象星座则是消极、内向和阴柔的。

一直以来，星座影响了许多人对自己人格及“命运”的认识。占星家们依然在根据星盘预测各种生活事件。我们完全有理由质疑这种论调，因为我们已经知道这是“巴纳姆效应”在作祟。我可爱的父亲一生都在质疑星相说和星座运势预测。告诉你们哦，我总调侃他，他之所以不相信是因为他是处女座！处女座都不相信这些！

体液学说和4种气质类型

另一个与星相学一样历史悠久，现在却被大家遗忘的分类系统就是有点恶心的体液学说。即便历史悠久，你还是可以根据这种分类从某些方面来“打量”自己。古希腊医师希波克拉底认为，人格都是受到了人体内液体，或者说是体液的影响，这些体液分别为血液、黄胆汁、黑胆汁和黏液。几百年后，罗马医师盖仑采纳了体液学说并结合了4个因素，以描述多样的气质类型：多血质、胆汁质、抑郁质、黏液质。每一种气质类型都被认为是对应体液过多所导致。

多血质的人喜欢社交，比较外向，很有魅力，而且表现得很自信。他们同时还很敏感、富有同情心、深思熟虑，爱自由。

胆汁质的人往往很有野心，总是乐意当领导，富有激情，精力旺盛，容易在各种气质的人中脱颖而出。但是，他们在生活方式上可能会走极端，容易在高度兴奋和极度压抑之间摇摆不定。

抑郁质的人天生内向多思，非常顾及他人的感受，对于生活中的悲剧和危机会过分敏感。这类人往往会从事艺术类事业，特别是作家和画家。他们喜欢独自工作，有时甚至会隐居。

黏液质的人非常放松安静，对他人很友好，通常很乐天，容易得到满足。

他们对变化的适应比较慢，喜欢有规律的生活，喜欢与熟悉的人相处，喜欢熟悉的地方和事物。他们常常很固执，有条不紊，喜欢做一份工作且从一而终。

直到 18～19 世纪现代科学的兴起，体液学说还一直在各个方面主宰人格的分类理论。随着心理学逐步发展为一门独立的学科，心理学家们开始不断尝试用新方法对人类各种个体行为和关系模式进行分类。

荣格的 8 型人格和 MBTI 的 16 型人格

1921 年，荣格出版了《心理类型》(*Psychological Types*) 一书，对心理学和大众文化都产生了非常深远的影响。直到今天，它依然是最有影响力的人格理论之一。荣格的成果基于其 20 多年的心理学研究，他更加关注人们如何与世界发生联系，而不是对人的行为模式进行分类。正是荣格创造了“内向”和“外向”这两个现代语言中非常重要的概念。

根据荣格的观点，内向型和外向型是注意力和投入度的不同模式。内向型的人更关注内部世界，而外向型的人更关注外部世界。内向型的人常常被认为是“犹豫不决的、深思熟虑的、天生腼腆以保持自我的”；外向型的人就是“外向的、直率的、适应性强的，很容易适应某种环境，能很快建立关系，抛开可能的疑虑，常常冒险，会不假思索、自信满满地投入陌生的环境”。从荣格清晰的描述中，不难看出他自己并不喜欢外向型。但他也说过，没有人是单纯的外向型或者内向型，因为“尽管我们每个人的主导型倾向都必然受到态度的影响，但是相反的态度也可能是同时存在的”。除了这两种态度，荣格还定义了 4 种导向：

- 思维导向：有意识思维的过程；

- 感觉导向：通过感官知觉世界；
- 情绪导向：主观评价的过程；
- 直觉导向：无意识知觉的过程。

荣格结合两种态度和4种导向形成了8种主要的人格类型。他很谨慎地说，这个分类系统并不能解释所有的个体心理差异。荣格也不愿意用这种方法给人们贴标签，而主要是用它来理解人们的差异与相同之处，从而进行分析和治疗。但是，他也没能找到一个切实可行的普遍模式。

但是无论如何，荣格的人格理论已经成为商业、教育、训练，以及职业咨询中众多人格分类法的基础。大家最熟悉的可能就是迈尔斯–布里格斯类型指标（MBTI）。这套系统是由凯瑟琳·布里格斯（Catherine Cook Briggs）和她的女儿伊莎贝尔·布里格斯·迈尔斯（Isabel Briggs Myers），根据荣格的著作在20世纪50年代研制出来的。迈尔斯–布里格斯类型指标测试系统吸收了荣格的理论，并结合归因和偏好最终形成了16种人格类型。迈尔斯–布里格斯类型指标测试系统可以让你从4个维度对自己进行评估，以帮助你认识自己：

- 外向(E)：内向(I)；
- 实感(S)：直觉(N)；
- 思维(T)：情感(F)；
- 判断(J)：知觉(P)。

16种人格中的每一种都可以用4个字母来表示，也就是你的人格类型。迈尔斯–布里格斯类型指标声称，这16种人格覆盖了所有人，至少具有足够的适用性和可信度。但这并不是说人们不再是独一无二的，而是“相同人格类型的100个人也不是一模一样的，因为他们有不同的父母、基因、经验、兴趣等。但是，他们或多或少都会有一些相似之处”。

迈尔斯 – 布里格斯类型指标的基本假设是：你的生活和职业选择应该基于对自己能力、兴趣和价值观的准确理解，这也是迈尔斯 – 布里格斯类型指标施测者们常常说的“三大点”。这三个因素会随着时间的变化而变化。就像你的工作经验越多，就越会学到更多的新技能一样。“当你的年纪日渐增长时，你可能会产生一些新爱好，而你人生的目标也可能不再是之前的了。”你的人格类型并不能决定你的能力或者预测你的成功，但是它“能帮助大家发现自己最大的动力，让我们每个人充满能量，让我们能够在自己选择的工作中找到自己的天资”。

我在《让天赋自由》一书中说，所有分类方法都存在缺陷，包括迈尔斯 – 布里格斯类型指标，我们应该用批判审慎的态度看待它们，而不要改变自己去屈从于它们。如果我们能以批判的思维和发现自我的角度对待它们，它们就是有用的。但是，如果你想用它们给自己贴标签，或因此限制自我，就太不明智了。

关于气质问题

顺着这样的思路，我发现还有一个分类系统非常有意思。该分类系统是根据对孩子和父母的长期研究得到的结果研制出来的。只要有孩子或者父母，你就可以应用这个体系。我之所以喜欢这个体系，是因为它没有固定数量的人格类型，而只是提出了人格的一些维度，这些维度可以在我们每个人的身上以各种方式进行组合。

亚历克斯·托马斯博士（Dr. Alex Thomas）和史黛拉·切斯博士（Dr.Stella Chess）是纽约大学一对研究精神病学的夫妇，他们对“气质”有着特别浓厚的兴趣，对这个概念的定义也与我之前所说的天赋和热情相关。他们认为，气质必须和另外两种个人特质区分开来：

- 你可以做什么：你的能力和天资；
- 你为什么做：你的动机和目标；
- 气质：你的行为风格。

基于对儿童行为的长期研究，切斯博士和托马斯博士定义了9种行为属性，认为所有儿童以及成人在每一种属性上都会有从低到高的不同分布。

“敏感性”指的是孩子会产生反应的刺激强度。外界的刺激，比如声音、纹理或光，是会引起孩子的不安，还是会被孩子忽略？例如，有些孩子遇到阳光或者刺耳声音的时候会眨眼，而有些孩子则很少会注意到刺耳的噪声。

“强度”指的是孩子产生反应的能量水平。他们举例说，一个高强度的孩子会大声地笑或叫喊，而低强度的孩子就只会安静地微笑。在负面情绪中，高强度的孩子会尖叫或号啕大哭，而低强度的孩子则会低语或温和地吵闹。

“活动度”指的是孩子的身体能量。低活动度的孩子常常能安静地看几个小时的电视，而高活动度的孩子则喜欢跑跑跳跳，到处走动。有些孩子无论做什么，都喜欢大量的运动和频繁的活动。一个高活动度的孩子可能很难在教室里安静地坐着，而低活动度的孩子在非常结构化的环境中也不会哭闹。高活动度的孩子更常运用粗大运动的技能，如跑跳之类的；而低活动度的孩子则更常会运用精细运动的技能，比如画画或玩拼图。

“适应性”是指相对于初始反应，孩子要花多长时间来适应变化。孩子是否能轻易地适应环境中的变化，还是会比较固执？一个适应性强的孩子能很快地爱上新环境，而一个比较固执的孩子则需要很长一段时间才能做到。

“趋避性”指的是孩子对陌生人或陌生环境等体验和刺激的反应。有些孩子在陌生环境中很快就能活动自如，这是趋向性反应。而有些孩子则会觉得不舒服，会一直退缩，直到他们最终放松下来。胆子大的孩子会毫无顾虑地快速产生趋向性，而胆子小的孩子则倾向于在投入新体验之前观察一段时间。

“韧性”和“注意广度”指的是孩子在某一种任务上的持续时间，以及他们在经历挫折后继续坚持的能力。一个韧性强的孩子尽管面对挫折和干扰，还是会投入任务中，而一个韧性较弱的孩子则会很快丧失兴趣，舍弃未竟的任务。

“规律性”指的是生物节律，包括睡眠、进食和排便。有些孩子的生物功能非常规律，每天都在同一个时间睡觉、起床和吃饭。而有些孩子的睡眠时间总是不固定，睡眠习惯不稳定，而且每天进食时间也不规律。

“分散度”指的是孩子有多容易被其他活动干扰和吸引。一些孩子在玩耍和学习时会非常专注，根本不知道有人从旁边走过；另一些孩子则很容易被干扰，很难投入正在进行的任务中。

“情绪”是指孩子积极或消极的一般状态。他们平时是开心、喜悦、愉悦、宜人的，还是正好相反。“有些孩子大多数时候都是开心愉悦的，有些孩子则常常不高兴，让父母很头疼。”在这个特定的定义下，情绪可能最接近我所说的“性情”。

所有孩子都会拥有以上这 9 种特质，甚至更多。这些特质的组合方式会决定孩子独特的行为方式或气质。而且，英文中的“temperament”（气质）一词来源于拉丁文中的“temperare”，意为“混合”。也就是说，**气质是各种因素的平衡，而不是一种单独的特质。**你会如何评价自己的混合特质呢？

改变他人的态度

有时，你面临的挑战不是自己的态度，而是周围人的态度。他人期望你以某种方式、在某个时间达到某种标准，但这并不意味着它就是你唯一的人生准则。**有时，蔑视陈规就是一种积极的态度。**举例来说，如果你想要成为一名电影演员，同行业的大多数人都会建议你，最好 20 岁就入行，最晚不要超过 30 岁，而那些 60 岁的人就别指望能成为万人瞩目的明星了。

如果曾有行家这样建议咪咪 · 威德尔（Mimi Weddell）的话，那么我真庆幸还好她没听他们的。直到 65 岁之前，威德尔都一直待在报纸和广告公司，只是偶尔做做平面模特。她养育了两个孩子，偶尔也客串一下百老汇的演出。1981 年，她丈夫去世。威德尔决定将演员作为她的主业。最终，她出演了 10 部电影，包括伍迪 · 艾伦的《开罗紫玫瑰》和威尔 · 史密斯参演的热门电影《全民情敌》，客串了《欲望都市》和《法律与秩序》等美剧，她甚至还参演了备受好评的纪录片《脱帽致敬》（*Hats Off*），该片拍摄了她拥有的 100 多顶帽子和她在公开场合展示过的那些。

“威德尔女士的电影角色通常被描述成小角色，有些甚至出镜只有一分钟。但是，只有那些思想贫乏的人才会这么觉得，”《纽约时报》这样评价她，“在灯光聚焦于她的短短几分钟里，她释放出了诺玛 · 德斯蒙德（Norma Desmond）①一样的巨星风采。”

①《日落大道》的女主角，威德尔饰演的是无声电影时期红极一时的女明星。

在人生最后的30年里，大多数人都在认真地思考退休，只有威德尔让这余下的生命变得充实而熠熠发光。她是选秀节目*Cattle Call*中的固定班底，以对当天新闻事件的犀利分析而闻名。她始终保持着高强度的锻炼习惯，并一直在跳舞。她有着自己独特的风格和优雅，《纽约》杂志将她评为“纽约最美的50人”之一。

在这个过程中，威德尔的事迹鼓舞了很多认为自己因为太老而不敢去追梦的人。《脱帽致敬》的导演吉尔·约翰斯通（Jyll Johnstone）说，威德尔收到了无数受其鼓舞而追求梦想的人们的来信。“她鼓舞了这么多人，真让人感动。”

在威德尔94年的人生里，尤其是在后30年的人生里，她不顾世俗对她这个年纪的人的偏见，用自己的例子生动描述了如何用“一切皆有可能”的态度去面对挑战。威德尔在《脱帽致敬》里这样说：

> 我们要做的就是突破挑战，我们不可能总是开心、开心、开心，每一秒钟都欢呼雀跃的。但是，在不开心的时候，威德尔认为自己的人生目标就是要潇洒走一回。漫步人生，看在上帝的分上，我们应该翩翩起舞。否则我们就无法超脱世界，只能辜负人生。

杰夫·林奇、艾伦·麦克阿瑟、苏·肯特和咪咪·威德尔的例子从不同角度说明：**发现天赋的核心不仅仅需要天资或热情，更需要态度。**生物遗传性和所处的环境可能决定了你的起点，但不能决定你的终点。无论身处怎样的环境，找借口都比采取行动更容易。著名政治活动家安东尼奥·葛兰西（Antonio Gramsci）曾经说过：“那些不愿行动的人总会找理由说他们无法行动。”但是，只要你想要有所行动，你的自信和决心就能让你从一片黯淡中找到突破口，并解决那最艰难的挑战。

你对待世界的方式会深深地影响社会对待你的方式。如果你能改变自己对待世界的方式，就会发现一些陌生人可以走进你的生活，还会从那些你已经熟悉的人身上发现新亮点。新机会出现了，如果你能抓住它们，就会影响他人的生命，也会给自己的人生带来转折，这就是人类生命有机进化的本质。你能否以及如何成为这种进化的一部分，都关乎态度问题。

FINDING YOUR ELEMENT 左思右想

请思考以下问题：

- 你对找到自己的天赋有多迫切？
- 你愿意为了实现这个目标付出多少努力？
- 你认为天赋是自己应得的吗？
- 你会做些什么来增强自信呢？
- 你的气质会如何影响你对天赋的探寻？
- 你该如何改变自己周围人的态度？

每个人的起点都各不相同，并且会影响我们最初的前进方向。因此，去其他地方做些跟自己原来生活完全不同的事情，就可能发现新的选择。SWOT 分析是帮助我们评估当前位置的最好工具，并能指明我们前进的方向。

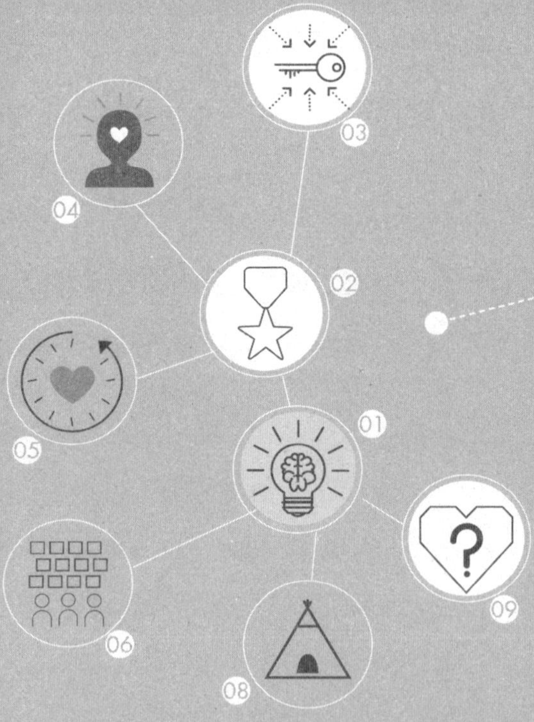

FINDING YOUR ELEMENT

07 你的现在是不是你的未来

How to Discover Your Talents and Passions and Transform Your Life

发现天赋过程中的一些障碍并不是真实的，而是我们自己想象出来的。当然，每个人的情况都有所不同。但一些障碍确实存在。在这一章中，我们来看看外部世界存在的障碍和我们可能会面临的机会。我会提供一些方法，让你评估自己目前的位置、已有的资源和所需的资源。一开始，我们必须认识到：**每个人的起点都是不同的，无论你的起点在哪里，它都会影响你最初前进的方向。但是，它并不能决定你的目的地。**首先，我想聊一聊我自己人生中的大转折。

离开利物浦

20世纪50年代中期的某一年，我还在读小学，没有人，或者说连我自己都没有料到，我如今会在美国加州做着现在的工作。少年时，我常常去利物浦的一个民谣酒吧，在那个海边的小棚子里加入声音嘶哑的合唱，歌声里充斥着追随、流浪、威士忌和狂野的女人。但是，那时的我根本无从流浪，也从未遇到过什么狂野的女人。我们每天必唱的一个保留曲目就是《离开利物浦》（*The Leaving of Liverpool*），歌曲开头是这样的：

挥别王子的属地，
默西河，请你珍重。
我将去往加利福尼亚，
那个我梦寐已久的地方。
亲爱的，请你珍重，
待我归来，便不再分离。
离开利物浦，我并不悲伤，
当我思念你，才挥洒泪滴。

那时，我还不知道加利福尼亚在什么地方，更不知道自己会去这个地方。一切看似渺茫，却似乎冥冥之中已经注定。与所有人一样，我的旅途也有开端，也经历了很多不同阶段。有的阶段是水到渠成；而有时候，我也会站在命运的十字路口，需要做出改变命运的决定。

1972 年夏天，我就处于这样的十字路口。事实上，那时我正坐在英格兰北部城市维克菲尔德的一家酒吧里，叫了一打啤酒，开始思索自己的未来。当年我 22 岁，青春逼人，刚从大学毕业。我有英文文学、戏剧学和教育学学位，还有教师资格证。我在大学里有一段两年的美好恋情，但是这一切都结束了。真不敢相信，是她先跟我提出分手！我知道这确实很难相信，但事实就是如此。我的父母没有对我的未来施加任何压力，只要我喜欢自己所选择的事情，他们也会喜欢。那么，我到底想要什么呢？

我正在思忖两个非常极端的选项：是去瑞典教书，还是去伦敦读书？我很喜欢教书，而且也非常擅长。我想要去瑞典旅行，还能在那里教成人英文。斯德哥尔摩和薪水都非常吸引我。而且，你要知道，很多瑞典女孩都不会讲英文呢。

另外，我还申请了伦敦大学教育学院的博士。对于博士，我没有什么长期的规划，只是想去读而已。博士听起来很有挑战性，就像攀登安纳普尔纳峰[①]。而且，我喜欢“doctor”这个词的发音，听起来就很酷！我在约克郡布勒顿霍尔学院读书时，遇到过一位非常有魅力的校长艾兰·戴维斯（Alyn Davis），他是我遇到的第一位不会开处方的博士（英语中“博士”与“医生”为同一个单词），给我留下了非常深刻的印象。他鼓励我沿着学术的道路走下去，并教我如何申请大学以及申请哪些学校。

坐在这个小酒吧里，我正在等待斯德哥尔摩和伦敦的消息。直到必须做出抉择之前，我都不确定该选择哪一个。我终于收到了斯德哥尔摩的通知，他们要我在一周内回复是否接受。而这一周，我迟迟没有收到博士录取通知书。后来，我突然意识到了自己想要的东西，果断拒绝了斯德哥尔摩的邀请。幸好，几星期后我如愿收到了伦敦的面试通知；几个月后，我收到了梦寐以求的博士录取通知书。我搬到伦敦求学，沿着引领我的道路一直前行，穿行于各种各样的选择与诱惑之中，最终写下了这本书，在加州过着我所熟悉的生活。

走出去

22岁的我无拘无束，可以为自己自由地进行选择。你现在可能正是如此，你应该感到非常庆幸并充分利用这样的机会。或者，你此刻感觉到举步维艰，觉得自己的选择非常有限。即便如此，戏剧性的转变依然可能会出现。很多人会去另一个国家改变自己的未来。我现在居住在美国，到处是从各个国家来的追梦者，他们常常要克服生活中的困难，改变所处的环境并谋求更好的生活。不是所有人都会实现自己的梦想，但是他们会为机会随时准备着。

① 尼泊尔北部境内的“喜马拉雅山”。

这就是我希望《让天赋自由》这本书打动人的地方。后来，这本书也确实做到了，有时甚至会让人产生身体上的驱动力。2008 年，丽莎、彼得·利邦和他们的 4 个孩子还住在旧金山，这个被丽莎称为他们“在这世界上最喜欢的城市”。当他们第一次看到我的 TED 演讲，读了《让天赋自由》这本书后，他们慢慢开始意识到：他们需要去做一些和自己的生活不同的事情，而这本书提供了最大的动力。“这本书是从深井里涌现出来的挽救生命的甘露，”丽莎告诉我，“我们不仅不愿意将孩子送到扼杀创造力的学校里，而且还感觉到我们的梦想和热情已经被现代文明所抛弃和玷污了。”

> 彼得总是很忙。在从事了 15 年的资金管理后，他已经完全精疲力竭了。而我呢，总是在和 4 个可爱的孩子吵架，像个杂耍演员一样，手忙脚乱地试图承担孩子成长、家务活和家庭责任。我们都很疲惫，在这个同样疲惫疯狂的人群都市里感到孤独。
>
> 我人生中最重要的事件之一就是，去圣心学校听了一次演讲。演讲者问听众，他们对孩子的期望是什么。有些人说“我们想要孩子们幸福”“我希望我的孩子们健康”“我希望他们能拥有美好的爱情”，等等。然后演讲者告诉我们，孩子们说父母总是希望他们拥有豪宅、豪车和高薪的工作，但事实上，父母透露、期望和塑造的东西与他们真正传递的内容是不一致的。如果我们总是对人生的所有方面都充满期待，就会意识到自己需要改变所有事情。我们之前迷信孩子们的学校教育，但是现在我们开始认识到应该让孩子们接受各种挑战，脱离我们为他们创造的狭隘温室，这些对他们来说才是真正健康的。这次演讲对我们全家来说是一次启蒙。
>
> 接下来，我们做了很多人总在说，却没有勇气去做的事情：舍弃原有的一切，重启新生活。我们一家人在顷刻之间清醒过来，当

> 我问孩子们在最好的学校里是否过得开心时，他们耸了耸肩；当我问他们是否想去旅行时，他们的脸上顿时灿烂无比。所以，我们充满热情地离开了15年浑浑噩噩的生活。即使市场惨淡，我们依然卖掉了房子，收拾行囊，开始流浪。

丽莎喜欢冲浪，所以全家人来到了墨西哥的萨尤利塔海滩，朋友告诉他们在这里冲浪很棒。彼得想要住在一个滑雪小镇，他们租下了雪季的阿斯彭的一所房子。他们之后还去了很多其他地方，丽莎就一直在家教孩子们。

> 我们必须在家教他们，因为我们在每个地方停留的时间都不长，无法让孩子们在当地上学。这确实有些可怕，但是也很好玩。我最大的女儿，当时应该读四年级，但却是她教会我怎么在网上授课的，这为我打开了一个新世界。
>
> 一开始，我们以为会出去旅行几年，因为有太多地方想去、想看，有太多事情想做，也有太多体验想要分享。但是，旅行的快乐很快就被各种焦虑吞没了：我们要在新环境中保证每个家庭成员的安全和健康，更不用说打包和拆包行李了，这些很快就变成了压力源。我们旅行了一年，在这一年里，我一直让彼得思考我们最终要在哪里安“家”。

穿越北美时，彼得一家依然在考虑这个问题。丽莎指出了未来的家需要具备的一些条件：一个健康的小型社区，非常好的教育资源，种有大量的植被，阳光充沛，能让全家人都享受户外活动。他们不停地总结之前的体验，让朋友们投票，还仔细研究了“城市数据”网站（city-data.com），以及美国很多城市相关数据的网站，甚至还定期进行实地考察。他们最终决定的理想安家地点是：旧金山东北方向1 000多公里之外犹他州的帕克市。

让我印象最为深刻的事情之一就是，山区小镇的居民们守信和奉献的精神。他们对自己生命中重要的东西非常清楚。为了住在那里，他们常常要牺牲很多东西，不光是严寒的气候，还有经济上的损失。很多艺术家、知识分子和文化创意者们在这里以旅游业勉强糊口，为的就是和当地人一样享受风光逶迤的山路与新鲜的空气。从这些人身上，我们体会到了生活的热情。

彼得一家很喜欢他们的新家，他们和那些“非正常人类”交朋友。当他们在旧金山落脚时，他们不会想到自己真正想要安家的地方是在山里，离海很远，离全球金融中心也非常远。如果仔细思考他们的位置和他们想去的地方，无论是身体上，还是精神上，他们都做出了生命中最重要的迁移。

确定自己的位置

彼得一家的经历证明，你绝对没有充分挖掘自己的天赋。在旧金山时，彼得的责任重大，丽莎一直扎根在旧金山湾区，孩子们在那里上学。那里有他们一家人的朋友，有他们耗费无数努力才终于适应了的城市生活。但是，当认识到自己并没有过上理想的生活时，他们并没有屈从于这样的信念：“大多数人都是这样嘛！我们的理想太不现实了，而且我们的人生已经被设定了”，相反，他们选择了多么有戏剧性、挑战性和满足感的人生道路啊！

彼得一家有继续留在旧金山的所有理由。从各个方面来看，他们在那里的生活都非常好。但是，他们的天赋却另有归宿。彼得一家也知道，万事开头难。当他们从旧金山出发时，只考虑了喜欢的环境。他们可以一开始就到纽约、利物浦这样的城市。同样，他们也可以选择在孩子很小时，当某个孩子上大学之后，或者在某些孩子还未出世以前去做这件事。他们的故事的启发性不在于发生的时间或地点，而在于他们因顿悟而开始追求自己的梦想。这个故事告诫所有探寻自己天赋的人们：**看清前方的障碍很重要，估量自己的处境也很重要，这样你才能从任何地方都朝着自己梦想的生活前进。**而最基础的第一步，就是要考量自己所处的位置。

你的处境如何

考量自己当前处境的常用方法之一，就是 SWOT 分析法，即优势（strengths）、劣势（weaknesses）、机会（opportunities）和威胁（threats）分析。SWOT 分析法是美国商业顾问阿尔伯特·汉弗莱（Albert Humphrey），在 20 世纪 60 年代发明的。虽然它是出于商业目的设计的，但是已经被咨询师和导师们广泛运用于帮助人们评估自己的处境，并制订自己的个人与职业发展计划。所以，SWOT 分析法能帮助你评估有助于或阻碍你发现自己天赋的内部与外部因素。

FINDING YOUR ELEMENT 发现天赋训练营

训练方法 12：你现在在哪里？

首先在一张纸上画一个方块，然后将它分成 4 个大小相同的方块。左上角的方块是“优势”，右上角的是“弱势”，左下角的是“机遇”，右下角的是“风险”。一般来说，“优势”和“弱势”是你自身的个人品质和特点，是内部因素；“机遇”和“风险”是你的客观处境，也就是外部因素。但是这样的分类不是绝对的，比如说你可以看到自身处境中的优势，也可以了解自身态度中的风险。但是这种分类在你做这种练习时，有助于你记住重点。

首先，我们来看看“优势”和“弱势”。回顾你之前做的所有训练，将你的相对优势和弱势填入对应的方块里。第一步是填写你天赋方面的优势和弱势，然后用不同颜色填写你热情方面的优势和弱势，接下来换第三种颜色填写你在态度方面的优势和弱势。然后，在“机遇”和“风险”两个方块中分别列出你目前处境中所面临的机遇、风险或困难。以下一些问题可能会有助于你填写这 4 个方块。

基于你的基本情况回答：

◎你多大了？

◎你的个人责任是什么？

◎你的经济状况怎么样？

◎在家庭和财务方面，你有没有什么困难？

◎假如你目前所拥有的东西都没有了，你能否应对这种困难？

除了以上基本问题，接下来是一些更加细致的问题：

◎假如你觉得你没有做到自己想做的事情，会有多困扰？

◎假如你在阅读本书，可能就是因为你还没有发现自己的天赋。然而，这件事情对你来说有多重要？你是否只是有时候觉得如果实现了天赋也很好，就像打开门惊喜地发现一个礼物一样，还是会有像兰迪·帕尔森斯所说的，在做吉他琴师之前那种“钝痛感”，或是比“钝痛感”更清晰持久的一种东西，就好像有一个声音在不停地提醒你：你还没有实现自己的梦想呢！

接下来，考虑一下前进途中自己遇到的最大障碍：

◎是什么让你不能做自己真正想做的事情？

◎你要怎么做才能突破这些障碍？

◎如果你突破了这些，会有什么后果？

一定要认真思考这些问题。有时候，这些障碍是真实存在的：病重的家人需要你花时间照顾，还要靠你的收入支付治疗费；因为爱人不能随你调动而不得不永远待在某个地方……但是，人生中重大改变的影响其实并不像我们担心的那么大。如果你辞职去做一份与之前截然不同的工作，你的爱人会因为你收入减少就离开你吗？如果是这样，那确实是很严重的后果。

考量克服困难的真正后果是一件非常重要的事情。如果你决定追随自己的梦想，那会怎么样？事实上，答案往往没有一开始看起来的那么令人生畏！

现在，请想一想你的可用资源：

◎ 此刻，什么东西可以帮助你追求自己的热爱之物？
◎ 如果你竭尽全力去做你认为是自己天资的事情，哪些道路是你目前可以选择的？

接下来思考你列出问题中的各项细节，问问自己可以如何增强或最大限度地利用自己的优势：

◎ 你是否需要花更多时间去强化它们？是否需要更多的训练？
◎ 你是否需要不同机会去发现或提升它们？
◎ 你觉得自己的弱势是什么？别人是否会赞同你的认识？
◎ 你是如何知道它们是自己的弱势的？
◎ 它们的影响有多大？如果它们确实很重要，你将如何进行弥补？

关一扇门，开一扇窗

了解自己目前的处境，是打开未来视野的基本功。玛丽艾伦·瓦尔德

（Marielle Ward）就是一个典型。在经历了一系列挫折和灾难，她在虔诚的灵魂之旅后发现了自己的新方向。“我在成人期的大部分时间里，都在思考自己应该为这个世界做点什么，而不是为了挣钱而拼命工作，”她告诉我，“我认为这是我的人生要义。我觉得将自己沉浸到这样的进程之中非常重要。除了身体健康，没有别的任何事情能影响这种进程。对我来说，赚钱只是一种副产品。我拥有新闻学学位，也曾在媒体工作，还有一搭没一搭地写作。现在回想起来，我才意识到自己其实一直都想当作家，但是我没有这样的自信。所以我才去工作，以掩盖自己真正想做的事情。”

玛丽艾伦有两个需要突破的障碍。一个是她上学的速度真是太快了。因为在读书方面很有天赋，她整整跳了两级。这让她的情商受到了挑战，因为她的情绪发展跟不上这样的跳级，她总是和比她更成熟的人在一起。“我的整个教育经历都被糟蹋了，”她说，“我必须用整个成人期来修复这样的教育经历。”另一个很大的问题是，在成人期间，玛丽艾伦经历了一系列的创伤与灾难，导致她的生活变得更糟：

> 我的父亲破产了，我们全家人都被迫流离失所。几个月后，我的母亲突然去世，是我发现了她的尸体。这对我来说太可怕了！又过了不久，我的未婚夫也离我而去。然后，我父亲又得癌症去世了。我总是不断地强打起精神，但根本撑不了多久。
>
> 当我最终能鼓起勇气继续前行时，我感受到了瑜伽的力量。我每次去上课，都会被深深的悲伤掩埋。但是老师让我学着接受这些不幸。每周的三次课，我都风雨无阻地前往。我开始学会有技巧地呼吸，学习很多瑜伽动作。几年之后，我开始从抑郁中逐渐走了出来。我清楚地知道，追寻自己梦想的时间到了。

最终，做了几十年并非自己梦想的工作之后，玛丽艾伦开始寻求机遇，集中关注自己应该做些什么。后来，她冥冥之中感觉到自己应该到印度去，所以就出发了。

> 那是我人生中最强烈的内心召唤。如果你听到那么强烈的召唤，你就会不由自主地去做。我花了一年时间准备、攒钱、打包行李、退房。

在当年的年末，玛丽艾伦朝东进发了，她不确定等待自己的会是什么。她听很多人说，在印度旅行是如何的困难，但是内心的召唤是如此强烈。她知道自己必须去印度，尽管她不确定在那里会遇到什么，她甚至开始考虑如果自己客死他乡应该怎么办。

> 我去之前以为，这次旅行会是一个漫长的灵魂黑夜。但是，事实却截然相反。我在那里度过了一段非常美妙的时光，我感觉到整个旅程里自己都被庇佑着和祝福着，美好的体验接踵而至。这个过程就像我以身试险，跳下悬崖去看安全网是否会出现一样。最终，安全网不仅出现了，还变成了一块魔毯。

在印度时，玛丽艾伦重新发现了自己写作的热情。虽然她是加拿大人，还带有英国口音，但是她最终发现自己真正想写的是印度这片神奇的土地。

> 文章一字一句地渐渐成型了。我记得自己小时候就开始迷恋神奇的东方。童年的梦想渐渐模糊但并没有消失。这是我人生中的第一次写作。我意识到这就是我热爱的事情，也正是我想做的，而且我的写作得到了意想不到的认可。我在写印度时，感觉自己和某种更伟大的东西相通了。我想，用我的整个人生去探索这些都是值得的！

直到现在，玛丽艾伦仍在坚持写作，她说："我想象不出来有什么能阻碍作家进行创作。"她创建了一个叫作"梦想去呼吸"（Breathe Dream Go）的博客，副标题是"旅行记与变形计"。这个博客吸引了很多访客，也备受好评，最近还获得了"加拿大博客奖"（Canadian Weblog Awards）的三项提名。接下来，玛丽艾伦面临的挑战就是写书。她一直在努力通过自己的作品谋生，但她丝毫不怀疑自己现在在做的事情，也不会为抓住机遇所冒的风险而后悔。

为了获得更好的旅途感受，玛丽艾伦必须首先探索自己的内心。她之所以练瑜伽，是因为它能帮助消化那些人生挫折和多年来的哀痛，从包围她的压抑中找到通向未来的出口。这些经历曾让她动弹不得，但是最后却赋予了她十足的韧性。

约瑟夫·坎贝尔曾说，**如果你真的做了自己想做的事情，就会获得意想不到的机遇。**不过我还是想说一句，有些人确实需要私人咨询和治疗的特殊帮助才能克服困难。在《让天赋自由》一书出版后不久，我在西雅图发表了演讲，举办了一场新书签售会。几百人参加了这次活动，在互动环节中一位年轻人站起来，焦虑不安地问我他怎样才能发现自己的天赋。他很激动，我让他告诉我一些关于他的信息。他说，他刚从军队退役，对于军队没有支持和指导他这种退役士兵，重新适应一般人的生活的行为感到很愤怒。他觉得自己和其他退伍军人都"被坑惨了"。在察觉到他确实需要倾诉后，我答应在活动结束后和他单独聊聊。后来，在聊天中我得知他曾经在伊拉克服役，还被训练成了一名审讯者。

这位退伍军人当时只有22岁。18岁时，因为母亲去世，他成了孤儿，所以参军入伍。他被母亲的去世击垮了，所以想在军队中寻求安全感。我完全可以想象他做审讯者的可怕经历，他看到了些什么，又被命令做过些什么。他很焦虑，激动地说《让天赋自由》这本书中的观点对他产生了很深的影响，而且感觉到我为他指明了一条积极的道路。我希望他说的都是真的，但我依然觉得他需要一些持续性的帮助，以助他去应对那些灾难性的经历。这本书里的训练和技巧可以作为这种帮助的补充，但是它们不能完全取代这种帮助，因为它们是用来帮助你理解和决定自己目前处境中最需要的东西。

你想去哪里

天赋可能不会将你带到印度，甚至可能不会让你走出屋子。对我的伙伴卢·阿罗尼卡来说，他的天赋就是每天花约 3 个小时的时间工作，然后在家里的工作室中写作。天赋不一定在离你很遥远的地方，所以如果你清楚自己的位置和目标，那么就找方法去实现它吧！

有些事情，归根结底就是思维模式的问题。你在情绪上可以做哪些准备呢？**很多人花了很多时间想象自己实现梦想后会怎么样，却从不思考追求梦想的过程会给他们带来什么样的感受。**比如说，如果你的梦想是做一个老师，那么你是否准备好了在一天中产生强烈的情绪变化，从搞定某个学生的喜悦，到搞不定的沮丧，再到看见混乱的课堂秩序而崩溃的情绪？与 100 位同事共事显然和你独立工作是不同的。同样，如果你习惯了总是在路上的状态，那么是否能适应在某个地方一坐就是六七个小时的生活？

不要低估做准备的重要性。我常常跟那些已经在做自己喜欢的事情的人聊天，他们总在担心因为自己在情绪上没有准备充分而酿成错误。任何新环境都需要一些适应时间，但是如果你能提前知道自己需要如何适应它，会非常有帮助。

这一过程中还有一个非常关键的步骤就是，了解和追随你的热情需要什么样的经验。例如，我们总是觉得想要成功，就要读大学。你不也是这么认为的吗？很好。其实，很多成功人士并不是靠大学学历才获取成功的。有些人或许大学还没毕业就退学了。当然，我不是建议你不读大学或半路退学，很多人受惠于大学教育，因为很多职业都是基础性的。总而言之，大学毕业生能赚更多钱，虽然这并不绝对。

我认为，我们不应该假设读大学能保证一个美好的未来，而不读大学就会毁了未来。我知道很多考上大学的学生并不真的理解他们为什么要读大学、他们想要从大学经历中获得些什么。他们和他们的父母、老师都只是觉得读大学这件事是理所当然的，是一个必然的步骤。很多大学生成天在学校里闲晃，直到毕业时也没想明白自己究竟要做什么。

事实确实如此。有些人生路径并不依赖于正规的大学教育。有些人想在高中毕业后就去工作，投入大千世界。而且，很多人在读大学前就有所准备，所以能在大学里学到很多。我曾经在英国的一所大学教书，我常常发现那些“成熟”的学生，即那些工作一段时间后才来读书的学生，比那些一路读书读上来的学生的学习劲头更足。这是因为他们更加清楚自己要学习什么，所以会尽可能地学习自己想要学到的东西。如果你现在是一个高中生，正在考虑读大学，但是不知道自己要去那里做什么，那么你可以考虑从学校出来一两年，先拓宽自己的人生经验，给自己一个喘息的机会。

本·斯特里克兰（Ben Strickland）是俄克拉荷马大学天体物理学专业的一名大四学生，他很同意我的这一观点。

> 那些从高中直接考入大学的同学，可能会丧失更加了解自己，

更好地规划人生的机会……我强烈建议休学。我不是说这对每个人都是最好的，但是我认为从幼儿园一直读到本科，甚至更高学历，绝对不是最好的。

很多人在高中或大学休学一年，或许你会认为这样的人也不可能考上大学。那些没有“考上大学”，最后只能介绍自己是高中毕业生的人会被看成不够格或有欠缺的。18 岁应该是成人期的开端，但对很多人而言并非如此……

我高中毕业后并没有准备好，尽管我的所有指标都完全合格：成绩很好，大学预修课程的分数很高，入学考试的成绩很好，而且已满 18 岁，这些都是大学入学的标准，不是吗？我入学了，试图让自己看起来很忙，虽然心里根本不知道自己在干什么。我在大学校园里“混”了 3 年，如果你问我，我会说这 3 年简直是度日如年……

3 年之后，我靠自己的双手做起了蓝领工人。我感觉自己又回来了！这一次，我目标清晰，理解了努力工作的含义，以及我对身边人的责任。很多人也是如此，第一次尝试总是像无头苍蝇，但是在投身社会的洪流中终于获得了成长，变得越来越了不起……

我很幸运地结识了一位非常真诚而富有同情心的人，他因为成功地意识到，自己没有朝着自己的目标发展，所以休学了一年。“我只是沿着一条没有真正目标和缘由的道路走着，”他告诉我，“我离开大学才意识到，自己真正的愿望是做一位治疗师。在了解了自己的目标后，我也就知道了自己应该走的道路。”现在他在社工学院工作，他说自己“最喜欢的事情就是帮助别人”。

我另一个朋友高中毕业后就休学了一年，和一帮“滑板小混混”一起开着一辆小货车到南部旅行。回来之后，他在一个五金店工作了几个月，打下了一定的经济基础，然后做了盘算，“对喔！我应该去读大学”。现在，你可以看到他在潜心学习物理学和数学，厘清数学推理和宇宙的运行原理……

真理就是：其他道路的经历会比寒窗苦读让你有更大的收获，大学不是人生教育的唯一途径。如果你有幸获得了读大学的机会，不妨暂停一下去看看外面的世界，等你回来时大学依然在这里，说不定你已经发现了自己的目标呢。

我还认为，高等教育除了常规学术项目之外，还有很多其他选择。比如，所谓的设计、表演艺术、贸易与工业等专业，也可以供各个年龄段的人学习。学院主义的文化会贬低这样的工作，但这是我们的经济来源，而且很多人会发现自己真正的理想正在于此。

有时候，天赋的要求讳莫如深。当我的伙伴卢·阿罗尼卡开始他的写作生涯时，他认为自己符合了所有的前提条件。毕竟，作为一位出版人，他已经和作家们打了 20 多年的交道，而且也在不停地写作。但是，他开始创作的几篇散文都很平淡无奇。他花了一些时间才意识到，这是因为他所写的东西读起来都像是公文，他的作品充斥着这种沟通风格。他必须重新训练自己像个作家一样写作，而不是像个公司职员。

另一个需要考虑的问题是，你会如何开始？你是打算猛地跳到水里，还是打算先把脚伸进去试试？你是打算和雅思敏的开始一样，边做自己的老本行边开始新旅程，还是来一个彻底的改变，就像彼得一家人开始他们的全家旅行一样？这很大程度上取决于你所面临的各种因素：你对改变的认识、你的财务安全网、朋友和家人的支持，以及你是否能不顾一切地投入自己的新生活。最后，制订一个能应对可预知风险的计划也非常重要。你会如何处理这些干扰因素？你会如何渡过经济拮据的难关？当你第一次因为缺乏经验而遇到困境时，该怎么办？很多事情都带有灵活性。本书中的很多故事也都说明了这一点：**发现天赋不是只有一条路。生命不是单行道，而是一个有机体。**

FINDING YOUR ELEMENT 左思右想

请思考以下问题：

- 你可以轻松地承担风险吗？
- 你最大的障碍是什么？克服这些障碍需要你付出什么代价？
- 如果你这么做了，会产生什么后果？如果你不这么做，又会发生什么？
- 你所爱的人是支持你，还是反对你？
- 你是如何知道的？
- 你准备好了吗？

发现天赋的一个重要环节就是找到属于我们自己的世界：我们的“部落”。我们不但要找到自己所热爱的工作，还要适应所处“部落”的文化和那里的小伙伴们。“部落”能给我们带来肯定、指引、合作和鼓舞 4 大好处。

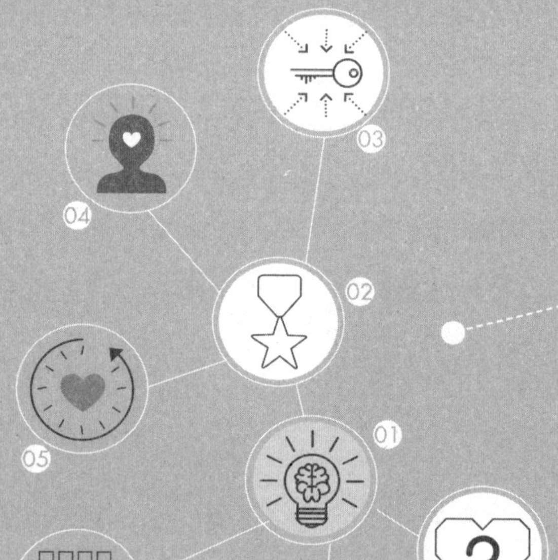

FINDING YOUR ELEMENT

08 你的“部落”在哪里

How to Discover Your Talents and Passions and Transform Your Life

世界上没有人会跟你一模一样，也没有人会跟你过一样的生活，但是，很多人会和你拥有共同的兴趣和爱好。发现天赋的方法之一，就是找到属于自己的世界：你在什么样的群体和文化中会觉得自在开心？你的“小伙伴”都是谁？在这一章中，我们将探讨发现天赋过程中“部落”的力量，以及你如何才能找到自己的“部落”，并和“部落”的小伙伴们并肩作战。

什么是“部落”？本书认为，“部落”由一群怀有相同兴趣和爱好的人组成，规模可大可小，依靠社会媒体或人际交往而切实存在。“部落”的特点是多元化，可以跨世代、跨文化、跨年代，甚至可以包括那些已经不在人世，但依然激励后人的生命。你可能会在同一时间内或者不同的生命阶段里归属于不同的“部落”。“部落”由其成员共同的爱好来定义。

与那些和你有同样天赋的人保持联系，无论是对你还是对他们来说都非常有益，因为这会为对方带来肯定、指引、合作和鼓舞。在接下来的篇幅里，我们将通过大量案例来仔细研究“部落”的这 4 大作用。我们先从一个有趣的例子开始。

戴尔·多尔蒂（Dale Dougherty）深刻了解“部落”同伴的力量，所以他创办了一本以孤独者为读者群的杂志。这些读者往往喜欢独自待在地下室或车库里，而不是和朋友们在一起。所以，《创客》（*Make*）这本杂志就是为发明家和思想者创立的。

> 当开始创办这本杂志时，我们的初衷是想看看人们如何使用谷歌，以及会用谷歌来做什么。我对黑客很着迷，于是我开始寻找这种东西，而且意识到，当今这代人是伴随着科技成长起来的，他们都是科技的狂热粉丝，想弄清楚科技到底是怎么回事。我想，我可以创办一本杂志来讨论我们能用科技做些什么。在很多方面，这本杂志是对《大众机械》（*Popular Mechanics*）和《大众科学》（*Popular Science*）在20世纪50年代所做事情进行的再次革新。我感觉到，在我们的文化中，这种东西都被丢弃了。

《创客》杂志立刻找到了它的受众群。在我写这本书时，第30多期的杂志季刊刚刚出版，在网上引起了热议，并成了“创客运动”[①]（maker movement）的领衔发声。

> 《创客》杂志的理念就是人们希望通过掌握技术，做点儿特别的事情。有时候这种想法会引发创新，有时候则会催生一些纯粹功能性的东西。不过，将所有人联系起来的就是参与。这也是你告诉人们你是谁的方式之一。当你创造了什么时，你就可以分享，这样人们就会找到你，而你也可以找到他们。

① 一种由技术驱动的自助型亚文化。

这种通过各自的发明创造找到彼此的理念，也催成了“创客大会”（Maker Faire）的举办，它的主题是“世界上最大的 DIY 节”。创客大会聚集了来自世界各地的发明家和创新者，他们展示自己的成果，欣赏别人的成果，沉浸在无拘无束的创新氛围之中。北加州、纽约和底特律会举办一些旗舰性的创客大会，北美各个城市也会有一些小型的创客大会。2011 年的加州创客大会吸引了 70 000 多人。2012 年 1 月，澳大利亚的第一届创客大会开始举办。随着创客大会举办地点的拓展，参与的人数也在快速增加，

创客之间的社区感不再仅限于《创客》这本杂志和创客大会。在如今的网络上，到处都有人通过视频展示自己的创新发明，或者是他们对已有事物的更新改造。

> 年轻人将这种行为视作一种自我表达的方式，他们会上传一些展示自己创作成果的视频。人们这样做不是为了省钱，多数是为了寻求意义。这不是最终的结果，而是过程。你按照自己的方式创造了价值。

有趣的是，如果这个社区足够大且具有支持功能，那么社区中的成员会觉得自己位于社会的边缘。多尔蒂说：

> 我最近参加了一次企业论坛，听到人们说，他们觉得自己是边缘人物，而且认为自己的很多权利都得益于这样的边缘状态，所以不愿意变得太主流。对我来说，创客的能量和兴趣都是边缘性的，而非中心的。我觉得更有趣的是不断拓展这样的边界，看看它究竟能拓展到哪里。

“部落”文化

天赋不只会转变为你赖以生存的职业。有些人无法以喜欢的事情维持生活，而有些人则不想这么做。“创客运动”中有很多人喜欢将追求天赋看作是一个纯粹的消遣过程。如果你在思考通过自己的天赋来赚钱，那么你必须想清楚：你不仅要热爱自己的工作，还要适应你身处的“部落”文化和同伴。

20岁时，我还是个学生，那时的我很喜欢也很擅长导演话剧。有朋友觉得我应该去尝试一下戏剧职业，我却不这么认为。我喜欢当导演，但是我从未觉得自己适合戏剧圈的生活；我喜欢并崇拜演员和导演们，但是我和他们的生活节奏与动机都不合拍。

我之前提到过，在我很小的时候，父亲就觉得我是天生的足球运动员，或许最后还能为埃弗顿队效劳。我没有做到，而我最小的弟弟尼尔却做到了。他和我的哥哥约翰小时候都接受过训练，而且两个人都在足球上非常有天资。尼尔最后去踢了职业比赛，而同样有天赋的约翰却不喜欢职业联赛的文化与氛围。约翰现在依然是一个狂热的足球迷，并且多年以来一直在其他场合训练和指导。但是，他就是无法习惯学徒制受训的节奏和规矩，而是喜欢与人合作，并且对食物营养有着矢志不渝的热情。他和尼尔从小时候起就都是非常严格的素食主义者，这可不能怪我第一次展现自己的“高级”烹饪技艺时，给他们做了一个没法吃的兔肉饼。尼尔偶然发现，素食主义在职业足球的主流文化中显得很尴尬。“部落”成员之间可能无法完美匹配，但是我们必须和谐相处。

你希望自己的“部落”是什么样的？哪种群体会吸引你？它们之间有什么共同之处？为了回答这些问题，我们来看训练方法13。

FINDING YOUR
ELEMENT 发现天赋训练营

训练方法 13：想象你的“部落”

为你感兴趣的人和社区做一个愿景板：

◎ 哪些人与你的天赋有关？

◎ 你觉得这些人有趣的地方在哪里？

◎ 你是否倾向于某种特定的人格类型，还是你更关注他们所做的事情？

◎ 在一个“部落”里，你关心的是什么？是有趣、幽默、热情，还是狂傲？还是其他什么不同的特征？

“部落”的4大好处：肯定、指引、合作和鼓舞

肯定：一起成长

我们的生命都是有机体，其他有机生命体的动态发展规律同样适用于我们。比如说，不同植物有时需间隔种植，长势才会更好。在农业领域，这种现象就是“混栽法”（Companion Planting）。在杂志《花卉园艺》（*Flower and Garden*）中，杰弗里·曼尼希（Jeffrey Minnich）解释说：“植物和人一样，也有彼此的相处之道。有时候，两种不同的植物相处得犹如睦邻，而有些则不能很好地共生。某些不同植物确实有助于彼此生长。”

同样，无论“部落”成员多么多样化，他们都能有助于彼此的繁荣发展。**找到你的“部落”，对你的兴趣和热情是最有力的保证。**它可以确保和强化你

对自己事业的坚持，而且能缓解你有时因为觉得缺乏联结而产生的孤立感。如果你没有找对“部落”，就会觉得自己在慢慢枯萎，自己的精力正在被吸干。内罗利·马克姆（Neroli Makim）就是这样，她不得不在不同的“部落”中不断“迁徙”，以找到最能展现自己天赋的文化环境。

你不可能原地不动就可以发现自己的天赋。有时候，你需要沿着自己的道路走得更远一些。对内罗利来说，这条路的起点就在澳大利亚的一个养牛场：

> 我成长在一个非常偏远的地方，也就是说，我们没有一般人拥有的那些东西。我们没有电视，有时候连电也没有。我们有一台柴油发动机，但是晚上就得关掉它。我们那里的交通非常不方便，每年都有 3 个月是与外界隔绝的。这也就意味着我们必须有创造力。我们无从获得外界信息，所以都要靠自己想象。我后来发现自己可以画很多画，以调剂无聊的生活。我还能写一些配图的故事。

后来，内罗利搬到了离现代文明较近的地方。她去了寄宿学校，然后去读大学。有趣的是，无论她走多远，遇到多少人，她都觉得绘画、写作和其他一些无须与外界有太多交流的创造性表达方式最吸引她。最终，她发现自己其实很小的时候就知道了自己热爱的东西，但是直到她尝试了其他事情后才明白这一点。

> 学校的第一年还算有趣。我 12 岁之前都在家里学习。当我去寄宿学校时，我第一次发现身边原来有很多同龄人。这是一次重要的冒险，但是我很快就发现学校是一个“专制机构”。毕业后，我努力找到了一份朝九晚五的工作，但我立刻觉得这一定会要了我的命！如果要我成为那样的上班族，还不如让我跳河自杀呢。我从来都无法在一个约束的环境里待着，我需要不受拘束地去做自己喜欢的事情。

内罗利最后意识到，创作本身就是她的热情所在，跟别人分享她的成果才是自己要做的事情。她创办了一家名为“成功创意”（Your Creative Success）的公司，还出版了《内心深处：解开成功创意的秘密》（*Your Inner Knowing:Unlocking the Secrets to Creative Success*）一书；她的画作和雕塑已经在全球巡回展出；而且，她还常常会进行有关创造力的主题演讲。内罗利并不热爱自己工作的全部，但是她热爱的部分远远大于不热爱的部分。

> 那些感觉很棒的东西超过了那些不好的东西。无论我做什么，都觉得它很有意义。这对我来说很重要，也很有趣。当我做其他工作时，我知道这不是我要做的，因为它们对我来说并不重要。我无法从中获得灵感，也无法相信它们。

指引：认清自己的路

“部落”成员能提供非常重要的指引。我儿子詹姆斯 13 岁时对佛教产生了非常浓厚的兴趣。他读遍了自己能找到的所有材料，研究八正道[①]的清规戒律，每一天都要冥想很多次。他收集了一些佛像，还在卧室里设了一座佛龛，这些都成了他每日生活的重点。虽然他也喜欢同龄人喜欢的篮球、音乐等东西，但他对佛教一直保持着热情。

沉浸在佛教中几个月后，詹姆斯问我们周围是否有佛寺可以去参观。那时，我们正住在英国乡下一个非常偏远的地方，离埃文河畔斯特拉特福小镇（Stratford-on-Avon）约有十几里地。那个地方非常漂亮，吸引了世界各地的游客来此参观。佛教在这个区域并不流行，若想要体验佛教生活，大家一般会去

① 正见、正思维、正语、正业、正命、正精进、正念和正定等 8 种通向涅槃的途径或方法。——译者注

泰国。但是我没想到，我们居然真的能在身边找到一座佛寺。

离我们家不远的地方是一条穿过田野的小路，但是十几里外，在蜿蜒曲折的乡间小路旁边，一条窄窄的小道上有一座古色古香的翻修农舍。我们以前经常经过这扇木门，猜想里面到底是什么。最后才发现，这是一座叫作“居士林”（Forest Hermitage）的佛寺，是全英国上座部佛教[①]的中心。

詹姆斯和我参观了这座佛寺，还参拜了住持阿姜·契玛达摩（Ajahn Khemadhammo）。他是一位非常和蔼睿智的英国人，已经领导英国上座部佛教30多年了。这个寺庙每周都会举办对公众开放的冥想会，他邀请詹姆斯来参加。之后，我们每隔两个星期来这里参拜，直到我们离开英国去加州。

某天下午，詹姆斯开始接受巴利语的训诫，我和妻子特里坐在寺庙的后面，见证了他从此成为这个群体中的一员。如果不是因为他的兴趣，我们永远都不会知道这个寺庙的存在。如果不是住持的邀请，詹姆斯也不会如此深爱佛教。他和这些僧人的接触，让我们所有人看到了“部落”在产生和激发个人信念方面的伟大力量，以及“部落”在指引和支持中的重要角色。发现这座佛寺生动地说明：只要我们全神贯注地想要寻找某物，它就会像神迹一样降临。

合作：相互支持

无论是什么兴趣，都能形成“部落”[②]。有时，“部落”是一种基础和支持系统，比如马修·李在新加坡的魔术圈子。而在其他情况下，比如在“创客运动”中，“部落”更像是一个触发点，它无须任何人，就可以跟这个深刻影响成员的“部

① 又称南传佛教，以八正道为根本，教法纯正。——译者注

② 所以，中国有“物以类聚，人以群分”之说。——译者注

落”分享自己的爱好。“部落”绝对大于所有个体之和，因为它能激发个体各自的创造力和各种可能性。在《让天赋自由》这本书中，我们称之为“合成点金术”（the alchemy of synergy）。

顺应天赋需要献身精神、巨大的决心和敏锐的知觉，能让我们产生源源不断的能量，激励我们不断向前。“部落”能提供的资源之一就是支持和互相指正。这也正是金柏莉（Kimberley）创立自己高度职业化的法律事业时所发现的。

多动症的诊断对一个人的职业方向会有惊人的影响。金伯莉的例子说明，有时候它甚至会影响家人的职业方向。当儿子所在的学校告诉她，她儿子有“障碍”时，这样的事情就发生了。而这件事情发生之前，金伯莉在法律方面的工作业绩平平。

> 1991年，我进了法学院，但是我不知道自己到底要做什么。我开始在一家律师事务所工作，但我觉得这并不适合我。尽管法学院的教育是要让我们代理公司和大财团，但是我总在做些社会工作。有时候，当我申请或面试某些工作时，我都觉得自己的资历绰绰有余。有些我最终得到的工作一开始并不要我，但是他们在面试并认识我后，就觉得我的技能可以创造出他们组织中真正需要的东西来，并会破例为我设置一个新岗位。这让我能更好地工作，因为我拥有很多不同的兴趣，也没有什么清晰的职业规划。可能我所寻找的东西不是一般人能找到的吧。直到现在，我还在这条路上奋进。

当金伯莉的儿子被学校“宣判命运”时，这一切都改变了。他们一开始认定她的儿子是一个不合主流的天才学生。金柏莉知道她的儿子非常聪明，也就接受了这样的评价。但是，学校的立场突然发生了反转。他们认定她儿子不仅患有多动症，还有感觉处理上的问题和演讲障碍，并要求她将儿子转到符合他情况的特殊学校和环境中去接受教育。金伯莉绝对接受不了这样的判断。顷刻之间，她的律师素养马上就起了作用。

> 我必须为他伸张正义，抵抗教育系统。开始的时候，我坚信学校应该知道如何处理各种情况。后来我意识到他们根本不了解我的儿子，所以我必须为他代言，让学校提供能帮助他实现自己理想的条件。我开始研究特殊教育方面的法律，在对抗教育系统时我寻求了各种帮助，并发现在我们居住的南佛罗里达的部分地区，教育系统中的一些行为是完全错误的。

金伯莉能够改变自己孩子的处境，让他享受他应该享受的教育权利。同时，她还发现自己的职业热情正以前所未有的速度膨胀着。

> 我越能有效地为儿子争取权益，就有越多的人，如我儿子的医生、其他孩子的父母等来支持我：“你是一位律师，你确实应该这样做。”我想这确实很适合我。

金伯莉创办了自己的律师事务所。在与儿子的学校对簿公堂之前，金伯莉已经完全放弃了自己的工作，转而成为一位法律出版人。她曾经考虑过开一家公司，但又觉得那不可行，因为她根本没有出庭的经验。在开始为自己儿子代言时，她突然豁然开朗。有一次，她和一位女士聊天。这位女士后来成了她的合伙人，这位女士让她相信自己已经具备了所有必备的技能。现在，金伯莉已经熟稔《消费者法》、《民事诉讼法》，以及《残疾人法案》，尤其是《特殊教育法》。

尽管有些人在做这些事情，但是他们中的大多数人，包括我在内，都是残疾孩子们的家长，他们感到非常愤怒，不满足于调解。我想自己正好迎合了这种没有得到解决的需求。我不仅代理官司，也无偿培训其他家长，让这些家长不要以为学校都是对的，把孩子们送进学校后就可以安逸地高枕无忧了。他们应该为自己的孩子维权，让学校满足孩子们的需求。这件事情对我来说非常重要，而且我觉得自己过去的丰富经历让我非常擅长于此。我了解各种情况，也懂得和人们并肩作战，尽可能让他们得到自己应得的。站在中间人的立场上能让我保持客观，从而变得更有效率。

对金伯莉的成功和成长非常重要的是，她还和一个特别专业的群体保持着联系：与她是同道中人的众多经验丰富的律师，这个群体给予了她意想不到的帮助。

我很惊讶竟然有这么多人愿意帮助我、回答我的问题，哪怕我觉得他们可能会视我为竞争对手。如果他们知道我的目的是帮助别人，情况更是如此，因为他们希望有更多的人去助人。他们会尽全力帮助我获得成功。有些专业律师真的太棒了！

我常常从那些已经找到自己“部落”的人那儿听到这样的话，尤其是那些从事特殊或专业职业的人：拥有同样爱好的人，即使是竞争对手，也能互相帮助。这一点真是鼓舞人心啊！这也正是“部落”最珍贵的特点之一：对于梦想的热爱已经超过了自私的本性。在金伯莉的故事里，曾经有很多人提供了帮助，而且“部落”同伴提供的帮助也让每个人提高了很多。

当克丽丝·柏德（Chris Bird）突然需要重返职场时，她才发现了同伴合作的力量。她曾经在广告界工作了18年，最近刚生下了女儿。她本来计划在所居住的丹佛市郊区做一位全职妈妈，但是她身为飞行员的丈夫突然患上了非常严重的疾病。计划要调整了。她要来养家，这是她必须面对的事实。克丽丝去找一位职业导师征求意见。她喜欢写作、技术和设计，也就是她曾经在广告界使用的所有技能，并且希望能通过这些技能来赚钱。这位导师建议克丽丝考虑一下社交媒体，特别是博客。克丽丝从来没有想到过这一点，觉得这个建议很不错。然后，她开了“妈咪博客”。很快她就意识到：要取得成功，就必须先建立她的网络社区。

> 我开始寻找和我一样的妈咪博主的网站。我找到了 Mile High Mamas，它是《丹佛邮报》(*Denver Post*) 整合在线资源的一个网站。他们会报道当地的事件，博主们因此可以聚集起来，寻找当地的商机。我常与其他和我一样想在家带孩子，同时也想用自己的才华做点事情的妈妈们交流。

克丽丝开始融入自己的“部落”。这个群体里有一个成员叫巴布·里洛斯（Barb Lilos），她自从“混沌通信”这种形式诞生以来，就一直在以此为主经营一些网站和博客。“她从 HTML 的时代开始就一直在做。”克丽丝说。HTML在社交媒体里就像是用凿子凿石碑一样原始。克丽丝想在家里教她女儿，而巴布·里洛斯之前正好就是老师，而且也在家教自己的孩子。两人在电话里聊了很久。最后，这次谈话进入了与博客有关的问题。巴布开始表达她的一些想法，克丽丝很快就意识到，她找到了自己最需要的导师。

> 巴布参加了一个叫作“妈妈向前冲”（Mom It Forward）的组织，这个组织让妈妈们拓展业务并相互支持。巴布很喜欢社交媒体，她告诉我可以在任何时候打电话给她。她说自己会毫无保留地分享她的原则，因为只有分享才能最终对自己有益，这样其他人也才会通过分享他们的知识和信息来帮助她。

由 Mile High Mamas 衍生出来的小“部落”形成了“师徒帮带”，在巴布的指导下，克丽丝将自己的业务从博客拓展到了各种社交媒体。克丽丝现在经营着一家叫作“鸟玩笑传媒”（Bird Banter Media）的公司，主要业务是满足客户在社交媒体上的各种需求。同时，克丽丝还在不断更新自己的博客，她发现自己完全可以兼顾养育孩子和旅游的爱好。她的丈夫现在也恢复了健康。现在，克丽丝的帖子最常见诸的网站之一就是“旅行中的妈妈”（Traveling Mom.com）。而她也一直和自己的“部落”保持着非常紧密的联系。

> 巴布决定在 Facebook 上给她认识的妈咪博主们开辟一个群组，这样她就可以跟大家分享自己的信息，而大家也可以跟她交流。这个群组真的太惊人了！我们在里面分享所有事情。我们分享大家都在写什么，还讨论媒体行业，比如如何跟公关公司打交道，还讨论软件开发、技术支持和情感支持等问题。这是一个我们能即时联系的地方，也在此互相支持和提高。我们还讨论各自的收费服务。我们会相互介绍公关公司和工作，分享各自的通讯录。我们还约着一起玩，组织“妈咪之夜”出去嗨一把。我们能够求同存异，互相尊重，因为这是一个非常有安全感的地方。

克丽丝仍然跟着她的导师学习很多有用的东西，她的“创业妈咪部落”还在成长，也在帮助很多人成长。

鼓舞：更上一层楼

找到你的“部落”会给你带来巨大的鼓舞。看到志同道合的同伴有所成就，可以推动你不断去突破自我，让自己更上一层楼。可见，同伴之间可以相互提升各自的状态。发端于斯堪的纳维亚半岛、现已扩展到全球的“新北欧美食”

运动（New Nordic Cuisine）就是一个例子。

一直以来，斯堪的纳维亚地区就以拥有很棒的餐厅而闻名。这个地区有着非常强烈且独特的烹饪风格，但是一直以来对全球饮食却影响甚微。然而，这一切都因为著名厨师、餐厅老板克劳斯·迈耶（Claus Meyer）而改变了，他集结了一群斯堪的纳维亚地区的厨师，并起草了“新北欧厨房宣言”。

“对新北欧的厨师而言，”宣言是这样开头的，“我们发现，‘新北欧厨房’的时代已经到来了，因为它和世界上其他最伟大的餐厅相比，味道和特点一点儿都不逊色。”这份宣言为北欧优秀厨师制定了具体的目标，如对食材的新鲜度和季节性设定更高的标准，推进动物保护，进行“传统北欧食品的创新”。

这份宣言成了这个地区所有厨师的共识，其中最典型的就是丹麦名厨雷尼·雷哲皮（Rene Redzepi）。迈耶和雷哲皮合开了一家叫作“诺玛”（Noma）的餐厅，这家哥本哈根餐厅成了圣培露 2010 年和 2011 年全球最佳餐厅，也是这场美食运动的最高代表。在整个斯堪的纳维亚半岛，所有的“新北欧厨师”都在改进食物，并且相互促进，队伍越来越壮大。尽管在很多方面，这些厨师们都是对方的直接竞争对手，但是他们知道，通过相互支持能完成更伟大的成就。事实也确实如此。哥本哈根因此成了全球最热门的美食游览胜地。

在最近的“MAD 美食营”（MAD Foodcamp，一个同时面向普通公众和专业厨师的美食节）上，一些烹饪新星参加了一个“新北欧美食”论坛，谈论各种烹饪技术与哲学，并将它们传到了家乡。同时，随着越来越多来自全球的厨师的加入，这个“部落”越来越壮大。

无论在哪个领域，无论哪种活动，找到自己的“部落”都会对你非常有益。虽然北欧美食群和悬疑小说作家群看似风马牛不相及，但是他们同伴之间的联结力度非常强。现在，伊桑·克罗斯（Ethan Cross）已经是全球最畅销的悬疑小说作家了，出版了《牧羊人》(*The Shepherd*)、《预言者》(*The Prophet*)和《牢笼》(*The Cage*)等作品。仅在几年前，他才刚走进曼哈顿“全球悬疑作家惊悚节”，并且不确定自己能否当作家。但是，他突然几乎是一瞬间就意识到，这就是自己的归宿。

> 在这里跟一些卖出几千，甚至几百万册作品的人聊天学习，真是太不可思议了。当我第一次写书时，就发现了很多在英文课上学不到的不成文的写作规则，应该规避的东西，以及能让读者拥有更好阅读感受的写法。在“惊悚节”上，我学到了很多可以实际应用的东西，也获得了极大的信心。

伊桑还参加了两个著名出版代理商举办的会议。这次参与意义非凡，因为伊桑第二天就遇到了这两个代理商，并得到了他们的帮助。“晚上有鸡尾酒会,所有有抱负的作家都会在酒会上进行自我推荐。”伊桑这一次的推荐很成功，也让他的作家梦更加坚定，他更加意识到了自己的写作天赋。

> 第二天，推荐会如期举行。现场看起来就像是各个作家在和各个机构进行快速约会。你进入一个大房间，出版人都坐在那里，所有作者都在排队等待。每人只有3分钟的时间，3分钟一到，哪怕你还没有完成推荐也要立刻起身走人。如果出版人喜欢你的推荐，他们就会邀请你寄给他们一些样稿。最后，有些出版人表示了对我的作品的兴趣。

这件事情后，伊桑更加坚定了自己的作家之路。伊桑在第一次“惊悚节”

上遇到了几位资深作家，他们让他寄一些章节给他们看看。后来，伊桑收到的建议非常有价值，但更有价值的是，他们对待他作品的认真态度，就像他是一位“真正”的小说家一样。

现在，欧美读者已经向伊桑证实了这些作家的认可。《牧羊人》成为英美两国的畅销书，而且这本书的译本热销多国。然而，第一次让伊桑觉得写作就是自身天赋的，正是他在纽约作家大会上遇到的人们。

做不同的尝试

我之前说过，如果你想知道自己是否已经找到了天赋，就要先确认自己是否享受与之匹配的生活方式。尝试不同的“部落”就是为了让你从长计议，看看自己是否适合这种生活方式。当和一些与你有相同爱好的人在一起时，你会不会觉得更兴奋？当你在尝试新“部落”时，是否遇到过一些糟糕经历，或者让你不舒服的人和事？与之相反，你是否在以前从未想过的领域里看到了一些机会？你是否会因此变得更兴奋？发现自己的“部落”并成为其中的一员，能让你的天赋显现，大放光彩。

克雷格·德威尔（Craig Dwyer）寻找自己“部落”的道路很漫长，从加拿大多伦多到日本，从金融界到教育界。

> 我曾经在一家银行代理金融服务，负责抵押、共有基金、信贷额度等，我并不讨厌这份工作，也不讨厌我的老板。他们都对我很好，给我的薪水也很高。我生活得很不错，但就是感觉缺点儿什么东西。我在这份工作中没有什么创造力，也不能去做自己想做的事情，我觉得自己实在是太无趣了。我是那种做事必须很专注的人，但是我

却无法专注在这份工作上。每天，我就是填写各种表格，也不怎么和人打交道。每个星期，我只有微不足道的交流机会，其余时间则都在处理文本，就是把信息录入电脑，发送出去，等待一个个自动回复。

某天晚上，克雷格正在看一部日本电影，他突然醒悟了，去日本生活的想法一发不可收拾。他开始寻找那里的工作机会，当他看到有一个英文教师助理的职位时，马上就申请了，尽管他根本没有任何教学经验。他在日本一个人都不认识，也对那片土地一无所知，但他就是觉得那应该是自己要去的地方。

我后来一直在一家小学担任英文助理老师。有时候，他们会让我自由发挥，但其余时间里，我还是得按照他们的要求去做。有一次，一位老师给我安排了一个项目，我在健身房里建起了一个大集市，就像是一个日本节日，孩子们在那里玩得很开心。后来，这位老师让我建立更多这样的集市，他是第一位鼓励我创新的人，而不是让我去照本宣科。这让我很兴奋。

在日本，克雷格结了婚，组建了家庭。他已经深深地被教育业所吸引，所以他决定在获得相关学位后创办自己的学校。他回到加拿大，进入多伦多大学，然后又回到了日本，因为他意识到自己不仅热爱做教育，更热爱在日本做教育。

第一次去日本时，我的生活方式出现了巨大转折。我扔掉了十分稳定且收入不菲的铁饭碗，因为我并不喜欢它。我觉得我现在热爱的事情最终也能让我达到之前的生活水平。但是，我现在能和人们一起制订课程计划，编写教科书。一旦你进入一个领域，就会有很多选择，也会有很多方法帮你达到自己的目标。教育绝不仅仅等同于教书。

在克雷格的故事中，他必须不远万里才能确认自己热爱的东西。但是，这种东西一直在等待他的发现。和内罗利一样，他从很小的时候就涉猎了自己热爱的事情。

> 我小时候非常热爱滑雪。我们曾经住在多伦多的一座雪山旁边。我可以在那边教滑雪，因为我有免费的滑雪季票。每个周末，我都去那里教一些小孩子滑雪，我非常开心。我可能以前从来没有这样总结过,所以没有领悟到自己应该以教育为职业。这种想法当然是“事后诸葛亮”了，但那些日子里我确实非常开心。直到现在，我一想到那段日子，就意识到自己现在正在使用的技能是那个时候已经用过了的。

找到你自己的“部落”

如果你还没有找到自己的“部落”，该怎么做？以下是一些可行的方法。

利用互联网

互联网已经成为人类历史上最重要、最有效的交流工具，它给有共同兴趣的人提供了空前的便利。当然，你应该时刻谨记对于网恋的忠告，保证自己的行为是恰当的。即便如此，你还是可以以一种具有创造性的方式利用网络，找到丰富的信息渠道来与同道中人进行联系。

在社交媒体上花费太多时间确实会存在一些弊端。Twitter 和 fritter（碎屑）的发音相近也绝不是偶然。但是，社交媒体在帮助人们寻找志趣相投的同伴上真是太便捷了。你只要在 Facebook 上输入“公开演讲”这几个字，就会找到成千上万名爱好者。如果你浏览一下，甚至可能会在其中发现你的朋友和同事。如果你点“赞”一个页面，就会成为其中的一员。同样，如果你在Twitter里发起一个“公开演讲”的话题，就会出现一堆网友发布的帖子，你可以跟帖，也会被别人跟帖。这是不是就意味着你已经成为这个“部落”中的一员了呢？不是，起码暂时还不是。但是，这意味着你已经和一群与你有共同爱好的人“接上头”了。

搜索引擎也能帮助你找到自己的同伴。如果在谷歌搜索栏里输入“公开演讲”几个字，你就会找到几千条记录。很显然，你不会一条一条地去翻看，任何人都知道50万条之后的记录就没有用了，你只要浏览前几页就会发现一些有趣的内容，比如组织、会议、课程和导师。寻找特定的博客、社团和与你的兴趣一致的在线社区。

当然，你可能会发现自己的同伴散布在五湖四海。对于前几辈的人来说，这或许还是个问题，但是现在已经完全不成问题了，因为你完全可以用网络解决。你可以在网络社区和虚拟部落里获得信心和灵感。如果你输入“公开演讲”几个字和你的地址，就会搜到离你最近的同伴，并马上与之取得联系。这样，这种搜索正好能让你脱离虚拟世界，进入实际的群体。

参加社团

寻找你能参加的社团或组织。在线社区无论多么有价值，但与在同一物理空间里和人分享兴趣的感受相比，其产生的能量和联结的强度还是会明显逊色。你要特别寻找一些有嘉宾主讲，或有人指导的活动或会议，以及一些能与人接触和对话机会的演出或展览。你可能会有一些偶遇。如果几个星期后当地会举办一个论坛，那么在网上搜一搜，说不定就能找到与你有共同语言、共同兴趣和目标的人。

为写这本书而采访的很多人里，有些人说他们完全不知道自己喜欢的领域里有哪些相关的组织。如果能接触到这些组织，那么有可能会改变你的一切。

注册课程

考虑注册一些短期课程。在很多国家，教育机构会提供各种短期项目，在周末或晚上上课；还会有一些讲座、项目和活动。找一找，在你感兴趣的领域里，看看那些机构能提供什么，不管你喜欢什么都可以去注册试试。但是要记住：参加这些活动时，**一切都要以自愿为参加原则，如果发现不适合就果断退出**。重点在于，**以开放的心态和批判的思维看待一切。**

做一名志愿者

真正的幸福往往来自对他人的帮助。只要人类群体存在一天，就一定会有人需要帮助，而且通常会有各种组织来提供这些帮助，各种组织会关注不同的个体和社会需求。在大多数情况下，他们也是依靠志愿者完成这些帮助的。这是一件双赢的事情：一方面，需要帮助的人会受惠于你的帮助；另一方面，你也拓展了自己的朋友圈和人际网络。道理是一样的：**只要抓住面前的机会，就会创造新的可能。**

成为实习生

进入你梦想领域的方法之一，就是做一段时间的实习生。很多组织现在都会招纳实习生。但要记住，有些公司招实习生只是为了使用免费劳动力，而且实习生的工作常常是常规且枯燥的。所以，你应该仔细确认一下自己感兴趣职位的工作职责，并搞清楚所有条款。如果能做到这些，短期实习也是你在不同工作环境中积累经验，并体验不同职业文化的好机会。如果它与你的年龄和处境都很匹配的话，那么你就可以仔细考虑一下了。

找一位导师

如果经济条件许可，那么就花些时间与你信任的生活导师谈一谈。在过去的 20 年里，生活导师行业开始兴盛起来，他们能提供实际的技术和支持，以帮你弄清并实现你的人生目标。各行各业中，无论是医生还是律师，都会有一些成绩突出的人，和一些成绩平平的人，当然也存在各种不同的方法系统。花时间仔细考虑一下适合自己的人生导师：看看他们的网络主页或者他们写的书，看看他们的资质证明和客户反馈。如果你找到了适合自己的导师，那么也就不枉费你所花的时间和金钱了。

发掘自我

无论你的国籍和职业是什么，无论你是在线交流、参加对话和会议、注册课程、参加活动或实习，拓展自己活动圈子的意义，绝不仅限于你的当下体验，而是让你能够在此之中拥有新体验，认识更多的人。发现自己的天赋以及与自己志同道合的人，可以让你获得全新的自我认知。

凯斯 · 罗宾逊（Keith Robinson），他可不是我亲戚，而是一名动画和插图画家。他在学校和社会上的表现一直都很好，但是他在中学三年级时，遭到了欺凌，然后一切都改变了。

> 起初，我被同班同学排斥，这很快就被学校的霸王们发现了。在接下来的几年里，我尽量不出现。我的策略就是对操场上众人的嘲讽一笑了之，实在不行就干脆躲起来。这段被迫内省的时间让我深刻地审视了自己，思考了为什么我的运势会急转直下。我慢慢意识到，之前的自信让我变成了一个非常令人讨厌的人，总是高调地自我炫耀。我想最好的复出策略就是保持安静和低调。有趣的是，我的成绩并没有因此而下滑。

当凯斯学着应对自己的处境时，他逐渐对艺术产生了兴趣，并在这个过程中发现了一个新“部落”。

> 学校的艺术课是我的避难所。在艺术课上，我和一群不同的学生们在一起，他们和我的其他同学不一样，也和那些学校霸王不同。我可以做一个完全不同的人。随着时间的推移，我在课上交到了一群不同的朋友。他们对我没有任何偏见和歧视，或许还因为我会画画而有点崇拜我。我慢慢意识到，画画方面的天赋让我在学校中有了一种特殊的荣誉，有点儿像体育健将。

通过这个“部落”，凯斯找到了重新定义自己的方式，一种比其他方式都更加自然的方式。最终，他不再被欺负了，他的朋友圈也变得更大了，这一切很大程度上要感激他在艺术课上发现的群体。

> 通过艺术,我找到了改造自己的方式。艺术成了我最想做的事情，我想成为艺术家。它给了我所有青少年都在寻找的东西：一种身份的认同。

> 对我来说，这种经历让我和更多的朋友产生了联系。我将艺术学院定为自己的目标，很大程度上是因为艺术课老师的鼓励，他看

> 到了我的才华和热忱，也让我相信这完全可以变成我的职业。他安排我在一个由当地艺术学院老师建立的平面设计公司实习一个星期。这对我来说像是一次启蒙式的体验。这个工作室在一个非常漂亮的改建谷仓里，没有人穿正装。更棒的是，大家每天都在用画笔和平板电脑进行创作。
>
> 从那一刻开始，我不再思考其他事情。我喜欢艺术学院！这就是我的天赋。在学院里，我就像参加了新兵训练营一样。它摧毁了我们之前自认为知道和喜欢的东西，教我们以全新的方式去看、去思考。我不知厌倦。现在依然如此。

在发现自己的天赋时，如果你执意去寻找自己的“部落”，就可能会无法计划整个过程。**寻找自己的“部落”不是一个你能预测结果的线性过程，它是一个你只能不断培养和积累的动态过程。**如果你的寻找很顺利，那么就可能会发现，它能带来很多意想不到的新机遇。

FINDING YOUR ELEMENT 左思右想

请思考以下问题：

- 为了发现天赋，你会与什么样的人交往？
- 他们是否吸引你？为什么？
- 如果你知道自己的天赋是什么，你想以此作为谋生手段吗？
- 如果你正以天赋谋生，你觉得与之相关的职业文化是什么？
- 你喜欢什么样的实践课程或进修项目？
- 如果让你用网络来寻找自己的同伴的话，你会输入什么关键词？
- 在加入了网络群体或虚拟社区后，你的感觉是什么？
- 你在真人群体中的感觉怎么样？
- 你希望参加哪种社团或活动？
- 你会看中导师或教练的哪些特质？

我们的天赋可能不止一种，暂时的放下并不意味永远放弃，而是为更好的选择让路。下一步的行动方向一定要听从你内心的召唤。有时，唯一的选择就是最好的选择。无论当前的状态如何，我们都还有更好的机会。

FINDING YOUR ELEMENT

09 接下来你该怎么做

How to Discover Your Talents and Passions and Transform Your Life

如果你认真阅读了本书，那么到目前为止，你对自己的天资、热情、态度，以及目前的处境应该已经有了一些真实的想法。那么，接下来呢？

在计划未来的道路时，请记住，我在前文提出的3大核心原则非常重要：首先，你的生命独一无二，你可以吸取他人的经验，但是你无法也不应该去复制别人的人生；其次，你可以创造属于自己的人生，你最大的资源就是想象力和对机遇的感知；最后，生命是一个有机体，而非线性的。你无法计划自己的全部人生，也没有必要那么做。你所要计划的就是自己的下一步。

有个老笑话是这么说的：有个人开着车在乡下四处寻找一个村子，他在一个当地人面前停下来问路，当地人皱了皱眉头，说："如果我要找这个村子，就不会来到这里才找。"如果你在寻找自己的天赋，就必须从当下出发。**只要沿着自己内心的方向，遵循自己的力量所指，就会发现自己的道路。**但是，很多人往往一开始是先退回到岔路口，再选择一个截然不同的方向。

以退为进

作为一位作家和演讲家，我会收到各种意想不到的邀请。2011 年，我被美国和加拿大病理学年会（USCAP）邀请，前往得克萨斯州圣安东尼奥市做演讲嘉宾。我对病理学一无所知，幸好主办方知道这一点。我去那里讲的是创新和创造力，这对于病理学界来说也是非常重要的。

这是全球病理学家最盛大的集会，约有 4 000 位专业人士参会。作为一个外行，我要在会议上做主题发言，这在这个年会历史上还是第一次。之所以会这样，是因为主办方委员会认为，创造力和个人的热情在未来选择和培训病理学家中，会产生无法想象的重要作用。

最初，是杰弗里·迈耶斯博士（Dr.Jeffrey Myers）邀请我去这个年会上做演讲的，他是病理学界的一位领军人物。在获得生物学学士和博士学位之后，迈耶斯接受了华盛顿大学医学院和阿拉巴马大学的教职。接着，他去了著名的梅奥医学院，在那里花费两年时间领导一个致力于创新研究的小组。2006 年，他去了密歇根大学，成为该校“医学创新中心”的核心成员之一。他在全世界的科学专家会议和医学会议上都有过演讲，成了专业学会的代表人物，在很多专业刊物上发表过文章，并且因为突出成就和对该领域的贡献而获得了很多嘉奖和荣誉。

迈耶斯博士在高中时并没有料想到现在的这一切。青少年时期，他从来没有想过要从事医学行业，而且还是病理学。他那时热爱的是摇滚乐，并计划加入一个摇滚乐队。这个想法持续了很长一段时间。他弹吉他、唱歌，一方面是因为喜欢，另一方面是因为这可以填补他空虚的生活，那段时间他没有人生目标。他学习成绩很好，但是常常心不在焉。

迈耶斯博士告诉我，他不可能成为摇滚明星，实际上还是一个成绩很好的迷茫少年，他的心思完全不在学习上。“如果你对我之前那些同学或者摇滚乐队的朋友们说，我有一天会成为梅奥诊所的医生，他们肯定会笑翻天。”

迈耶斯博士最终决定放弃不可能的音乐道路，申请了大学的生物专业。他成了自己热爱的病理学方面的专家，并在这个领域里产生了巨大的影响力。

> 如果要我仔细回忆自己早年的内心召唤是如何让我走上病理学道路的话，我会想到一些潜藏着天赋的有关经历。在梅奥诊所工作的第16年，将我对诊断病理学的热情和领导与创新联系起来的，竟然是因为我那时候很狂妄自大！1992年，我担任了一个领导职务，并在解剖病理学主任的岗位上服务了10年。正是这一段时间犯的很多错误，让我从中学到了很多。那时的我变得冲动而急躁。但也是在这段时间，我成了病人安全的积极倡导者，不断地呼吁降低学科错误。最终，我冷静下来，改变了能切实影响看护质量，改善病人服务体验的方式。
>
> 10年之后，我从主任的位置上退了下来，成立了“创新工作小组”。这个小组负责传播创新文化，形成了罗彻斯特梅奥诊所在临床方面的创新氛围。所以，能对我所在学科的未来产生影响，哪怕只是局部的影响，都是我天赋的一部分。在某种程度上来说，我总是在寻求下一个大突破，永不满足于现在的方案。只要我能在诊断病理学中找到持续提升的机遇，服务就会变得更好，也会带来医疗上的创新。这就是我要做的！

迈耶斯博士在圣安东尼奥给我讲的故事有一个非常有趣的结尾。在我年会演讲结束的几个月后，他去了杰夫·贝克（Jeff Beck）[①]的演唱会，然后在37

① 英国著名摇滚吉他手，与吉米·佩奇齐名。——译者注

年后第一次拿起了吉他。他觉得没有什么理由不重拾自己年少时的天赋。他还驱车前往一家吉他店，买了一把埃里克·克拉普顿（Eric Clapton）签名版的Blackie式的美标吉他，和一个“马歇尔牌”的扩音器。“对以前那条道路的选择，”他告诉我，“让我现在能买年轻时买不起的吉他和设备啊！”他和系里几个人一起组成了一个乐队，乐队的基调就是20世纪七八十年代的摇滚乐和布鲁斯，比如奶油（Cream）乐队、林纳·史金娜（Lynyrd Skynyrd）乐队和奥尔曼兄弟（Allman Brothers）乐队的歌。

> 我们现在自称为迷失前行乐队（Lost in Processing）。我不再需要在医学和音乐之间做出非此即彼的选择，我可以两者兼顾。现在，没有什么能影响我的医学道路，而且我发现，自己的音乐细胞简直和年轻时候一样糟！

杰弗里·迈耶斯的经历表明，我们每个人都可能拥有不止一种天赋，我们完全可以两者兼顾。而且，有时候，往前一步可能正好踏上了你自认为已经错过的道路。正如我所说的那样，生活不是单行道。

听从内心的召唤

无论你身处什么环境，你都会面临各种选择。之前讲的很多故事都说明，人可能会处于最极端绝望的情境，但依然可以选择不同的思考、感受和行为。要有所行动，最重要的因素就是：迈出下一步。为了做到这一点，你需要内观，也需要观察外界。你需要认识自我，并接纳内心召唤所指引的方向。

能清楚地知道自己尚未发现天赋的辨别方法之一就是，你总是觉得心情沉重。摄影师克里斯·乔丹（Chris Jordan）就曾经有过这样的感觉。有一段时间，他那时还是公司律师，每天都觉得“像是在做好几页的除法运算，这正是我最害怕的事情”。他告诉我，他一开始做律师，“就有这种非常恐怖的感觉。其实我可以再早一点结束这一切的，但是我不敢这样做”。

乔丹的故事非常有意思，他发现了自己在法学院里真正热爱的东西。不幸的是，他热爱的东西并不是法律。因为做出一个决定就会推翻全部的努力，所以他埋葬了自己的欲望，全心去考取法律学位。

> 我犯下了所有错误：错误的开始、错误的失败、错误的虚荣心、错误的身边人。我做出了最糟糕的选择并一条道走到了黑。在当律师的 11 年里，我几乎一直处在抑郁边缘。从一开始，这对我来说就完全没有意义。我觉得自己不仅对世界一点儿贡献都没有，而且在很多情况下还必须突破自己的底线。

虽然乔丹的职场生活实在是太痛苦了，但是他的业余生活却开始慢慢变得有意义起来。他每天下班后和周末，都会带着自己的相机到处拍照。他发现自己越来越喜欢这件事了。他在办公室里摆了一些自己照的相片，律师事务所的会议室里也挂着他拍的照片。

> 时不时地，就有人跑到我的办公室来问我：“你为什么这样？你既然能做一位超厉害的摄影师，为什么还在这里当律师？”当时，我只是将之看作玩笑不置可否，其实是因为我害怕承担这样做的风险。

但是，乔丹最终还是意识到，自己已经在承担一种更大的风险：一种终将让他在安逸里无声无息毁灭的危险。

> 随着离 40 岁越来越近，我开始害怕自己好像没有活过一样。我

害怕自己变老后，充满了没有勇气为自己而活的遗憾。这种害怕不是我面前的一堵墙，而像是有一只巨大的牛仔靴在后面踢我的屁股。我真正意识到：如果我没有为自己而活的勇气，就注定是个失败者。在我工作的律师事务所里，满眼都是行尸走肉般的家伙。他们坐在一起，尖刻地讨论着自己糟糕的人生。我甚至可以按下快进键，看到自己的未来。我想，如果我离开了法律界，至少还会有50%成功的可能。

2002年年底，乔丹终于带着成为摄影师的梦想，离开了律师事务所。为了确保自己不会后悔，他甚至在2003年1月退出了律师协会，以他5岁儿子的“大学基金”维生，当然他也希望能在儿子需要交学费之前重新补足，他开始追寻自己的梦想。这个追梦之旅并不简单。拍一张10寸大小的照片很贵，“每按一次快门就是25美元”。而且，其他设备的花销也非常高。当年秋天，儿子的大学基金就花光了，乔丹的养老保险也很快花光了，就连他妻子的养老保险也在2004年夏天全部花光了。当然，有些谨慎的人在追求自己的天赋时，可能会做一份助理性的工作，最不济也会在星巴克咖啡店做一份兼职。可是，乔丹没有。他相信某些美妙之事一定会发生。

“我内心受到了严酷的审判，而评审有两位，分别是我的儿子与妻子。后来，我接到一位名叫保尔·科佩金（Pawl Kopeikin）的洛杉矶画廊老板的邀请电话。我立刻订下了当天的机票飞往洛杉矶。”科佩金说，他很喜欢乔丹的照片，希望可以举办他作品的处女秀，时间定在2005年2月。如果到那时乔丹还没有彻底破产，那么这段等待的时间也不算长得恐怖。这个机会实在是太好了，乔丹和他的妻子因此申请了很多张信用卡以供追梦。“我经常出去拍照。我知道自己会有观众的，技术也确实因此提升了。我飞驰在全美的道路上，或许只为了拍一张手机的照片。到了 2005 年 2 月，我们的信用卡里已经有了 8 万美元的欠款。”

乔丹预想的人生转折终于在科佩金的画廊里发生了。他在 2005 年 2 月的摄影展上卖出的作品足够他还掉所有的信用卡欠款。而接下来的一次纽约摄影展，则让乔丹有了一点儿存款，然而他将其中的大部分都用来买了有关新奥尔良卡特里娜飓风余波的书。

现在，作品的畅销让乔丹越来越有信心。但同时他也常常承受着尖锐的批评，这也让他决定充分利用自己的才华，往更有野心的方向发展。2006 年秋天，他举办了名为“数字之流”（Running the Numbers）的系列展出。

> “数字之流”是通过质朴镜头下的数字来审视当代的美国文化。每一幅图都描述了某件事情的具体数量，5 分钟用掉 1 500 万张办公用纸、30 秒消费 10.6 万个易拉罐等。我希望用这些具体数量来表达比笼统数字更大的影响力。

这件事情和乔丹之前做的事情完全不同。让他恐慌的是，他的朋友们并不喜欢它。“刚开始看到这些图片的朋友们的反馈实在是很可怕。我最信任的一个顾问竟然说，‘这不是摄影，也不是艺术。不知道是什么玩意儿’。”然而，顺应天赋的人不会放弃自己的天赋，乔丹也拿出了这样的魄力。他在网上公布了这些照片，从此他的照片如病毒般扩散开来。到 2007 年春天，他的网站访问量已经超过了几十万人次。他不得不雇用一个助理帮他回复邮件。这个系列完全改变了乔丹作为摄影师的命运，他获得了前所未有的广泛观众群。

> 每当我做一件事情渐感舒适时，就会开始警醒。警铃一响，就是我离开原来的位置、前往未知领域的时刻了。现在又到了这样的

时刻。我的“数字之流”系列作品逐渐变得像我的日常工作了。我还是想要更多东西，因为我还有很多东西想要表达，但是我感觉这个已经不再是需要冒险的创作了。我曾经去中途岛上拍那些被塑料毒死的信天翁雏鸟。这就是一个冒险的创作，艺术界还没有人表达过雏鸟死亡的主题。当我将这些照片放在自己的网站上时，它们比我之前的作品更受欢迎。

克里斯·乔丹在他决定开始冒险时，发现了自己的天赋所在。而且，他通过不断推动自己去冒险而始终秉承天赋。这种生活虽然算不上舒适的生活，却为他带来了极大的回报。“在这个过程中，我的焦虑并不少。如果要我对那些想要冒险选择自己人生的人说点儿什么的话，我想应该是‘学会承受焦虑’。”这就是你寻找自身答案的代价，但是，这样的代价会让你到达一个更高的境界。

克里斯·乔丹的故事告诉我们：选择天赋的“高速”公路存在着极大的风险，但是，忽略心灵的召唤同样会存在其他风险。如果你明明知道自己的天赋所在，却一再压抑它、忽略它，那么就要承担这种压抑带来的心灵上的钝痛，错失推动自己前进的力量。杰弗里·迈耶斯和克里斯·乔丹的故事都说明了这样一点：**你的起点不能决定你人生的终点。**

FINDING YOUR ELEMENT 发现天赋训练营

训练方法 14：你的初始行动计划

如果你完成了之前的训练，并回答了之前几十个问题的话，那么你现在应该已经积累了一些材料、图片，也有了一些想法和感受。你可能已经完全知道了自己的方向和目标；或者，你还在对自己的可能性进行分类，并对其中某些感觉更为清晰；又或者，你对自己的天资比对自己的兴趣了解得更清楚，或者正好相反。无论你现在到了哪个阶段，花一些时间回顾一下自己完成的所有训练，想一想你发现了些什么，并做以下练习：

◎ 拿出一张更大的白纸，在上面画 4 个大圆圈，保证所有圆圈都有重叠的区域，即文氏图。

◎ 将 4 个圆圈分别命名为：天资、热情、态度和机遇。

◎ 在每个圆圈里写四五个句子，描述为了更了解自己的这个方面，你接下来要做的事情。内容越实用越好。

◎ 你应该仔细思考一下如何逐步实现这些事情。但是，你会首先做哪一件呢？

◎ 仔细阅读这些句子。如果你想好了，就对它们进行先后排序。你可以标上数字，或者用不同颜色来表示自己的排序。

◎ 如果你已经完成了排序，就将各个圆圈内排名第一位的事情写到重叠区域里。

◎ 考虑将这 4 件事情作为你一开始的行动计划。

◎ 记住：你无法一开始就规划好整个行程，只是下一步。

让你保持开放态度的一个非常重要的原因就是，你的人生不只拥有一种天赋。有些人发现自己会同时爱上几种事物，还有些人发现自己的兴趣会发生变化。到现在为止，发现你的天赋不再意味着你会永远被限制在某一种天赋中。事实上，在你问“接下来呢”的时候，“还有别的什么吗”的问题也就变得顺理成章了。

还有别的什么吗

在本书的前面，我们提到了大卫·奥格威从农夫到“广告教父”的戏剧性转变，其实很多人也经历过巨大的转变。比如，玛莎·斯图尔特（Martha Stewart）一开始做职业模特，是为了支付巴纳德学院的部分学费。她在那里学习艺术、欧洲史与建筑史，而奖学金没法支付她全部的学费。毕业之后，她继续当职业模特，拍了很多平面和电视广告，比如布雷克（Breck）牌和伊卡璐牌洗发水，甚至是泰瑞登（Tareyton）牌香烟。而她作为一个生活方式倡导者的才华，直到她搬到康涅狄格州的西港后才显现出来。她和丈夫在那里购买并改造了一间1805年建造的农舍。这样，她就能将自己热爱的饮食生意张罗起来，而且她后来还将生意和美食结合起来，写了一系列奠定她生活方式女王地位的畅销书。

珍妮·罗宾逊（Janet Robinson）曾经是新英格兰公立学校的老师。当她决定进入商业领域后，变成了《纽约时报》公司的销售主管。她不仅是一位非常有活力的老师，在课堂之外，她也是非常惊人的。她从销售主管变成了女性杂志广告销售部门的高级副总裁，然后晋升为《纽约时报》的总经理。她现在是《纽约时报》公司的总裁和首席执行官，被评为媒体界最有影响力的女性之一，而且她现在还从事着教育行业。

与杰弗里·迈耶斯不同，泰伦·罗斯（Taryn Rose）在她很小的时候就知道自己要从事医学方面的职业。她的父亲是病理学家，也希望自己的女儿继承父业。她去了南加州大学的医学院学习，并完成了整形外科医生的实习。有感于自己穿高跟鞋的痛苦，以及很多她遇到的女病人的问题都和她们穿的鞋子有关，她灵光一闪：何不去做那些好看又舒服的鞋子呢？而且，她就是做这件事情的最佳人选。接下来的3年里，泰伦创办了以自己名字命名的鞋厂，并很快成为颇受欢迎的品牌。《快公司》杂志（*Fast Company*）评价她为“25 位改变规则的女企业家”的第一位。而这个名单中只有她是整形外科医生。

打破禁锢

事实上，所有的人都有种对别人进行“分类”和“贴标签”的倾向，无论是以年龄、口音、长相、性别，还是以职业。在社交场合中遇到的人们，最常问的问题就是“你是做什么的”，然后就会根据你的回答调整他们对你的态度。我们同样能轻易地将自己进行这样的分类。我在本书中之所以极力反对对人们的具体“分类”,就是因为没有一个人会完全符合某一种所谓的类别。但是，人们一旦被贴上某种标签，就会拿这些条条框框去限定自己，也就是前面所说的“巴纳姆效应”。

美国有家商业咨询公司，在如何帮不同企业的群组一起制定重点和策略上经验非常丰富。他们咨询过程的特点之一就是，让这些群组的成员首先抛弃自己的职业标签。你可能会与其他公司的首席执行官、首席财务官，或者一个初级销售员一起工作，然而你并不知道他们的职位。这样做就是要他们更关注每个人对团体的贡献,而不是他们所扮演的角色或地位。将以上观点铭记在心，然后试试训练方法 15。

FINDING YOUR ELEMENT 发现天赋训练营

训练方法 15：给支持者的一封信

想象你不是你自己，而是一个遇到了你，并且花时间了解了你的兴趣、态度、期望和抱负的人。想象这个人正在给一个有意资助你未来发展的人写信。这个有意资助的人以前可完全不知道你是谁，只是希望对你有更多的了解。

◎ 以第三人称描述自己，如“肯·罗宾逊很喜欢……”。不要提及你的个人信息或目前的处境，而只需要说出你的兴趣、能力、理想和你觉得自己必须学习，以及想要体验的东西。然后描述你的个人特质、你最看重的成就，以及你在未来想要拥有的机会。

◎ 尽快写好这封信，要采用“晨间笔记”和“自动书写”技巧。尽量列出你想到的所有要点，不要急于修改。并回顾一下你在第7章里对自己的想法和兴趣进行的SWOT分析。记住：你是在给一个对你一无所知的人写信，而不是给那些已经熟悉你的朋友、家人写信。所以，努力将自己视为一个完全陌生的人。

当你写完这封信后，通读它并列出要点，用这些要点绘制出思维导图，看看你现在为了更加了解自己的兴趣和天资还需要采取的步骤，以及天赋寻找之旅的下一步。仔细阅读它们，问问自己如何才能实现这些步骤。

也许，唯一的选择就是最好的选择

通常，你不探求“下一步”的最重要的原因是：你不需要进行下一步。你现在正在做的事情可能无法照亮你的未来，但是它可能已经足够好了。更重要的是，它是安全的：你有不错的收入，你的朋友都很尊敬你，你在所处的群体里已经获得了一定的成功。你就是没有前进的动力。如果你的世界发生了或可能发生颠覆性的变化，且这些事情都有可能包含契机，但我们何苦一定要去将原有的生活弄得一团糟呢？

我们能从那些“曾经”遭遇剧变的人身上学到一些东西。马克·富兰克兰（Mark Frankland）如果不是突然失业，也不会发现自己真正热爱的东西。马克曾经用一句非洲谚语为妻子写了一首歌：“生活就像吃一头大象，你必须一口一口地吃。”他那个时候不会知道，这首歌的歌词生动地描述了他追求自己天赋的经历。

> 我觉得要克服一个巨大困难的过程，不是要盯着这个困难有多大，而是要努力找到自己的下一步。有时候，这一步会非常激烈，但也可能会平淡无奇。有时候，一个小小的改变就能给你的生活带来巨大的改变。

从马克小的时候开始，音乐对他来说就很重要。但不幸的是，这却成了他的障碍。

> 我一直都在唱歌。每当我登台演出，就会唱歌。读小学时，我们学校有一个叫作“缪尔杯”的歌唱比赛。每一年，金牌和银牌都会落入比我年级高的人手里。当我成为毕业班的学生时，我想这回总归我得第一名了吧，因为前一年我是第三名，而前两名都已经毕业了。但是，老师为了惩罚我没有做家庭作业还是出于其他原因，不让我去参赛！我至今还记得人生中这一非常重要的时刻。

另一件复杂的事情是：马克来自单亲家庭。他发现自己一直在寻求父亲的认可，包括他放弃音乐而做出的职业选择。

> 我努力工作就是为了父亲能以我为荣。他是一位医生，在全美各地都有自己的私立医院。我一直在寻找一份能让这个老家伙哪怕对我夸奖一句的工作。我只是想做个好孩子，却并不幸福。

我曾经尝试过各种不同的工作，最后一份工作是电视制片人。很多人会觉得这是一份很刺激的工作。当我的工作正风生水起时，公司的财务瞬间崩溃了，根本无法再制作任何节目。所以，我成了一个销售员。我做了整整8年的销售员，因为在此期间，我的收入很不错，还有了妻子、孩子和狗。这看起来就是我最好的归宿，但是我内心还是隐约有些不满，我没有目标感。当我工作到开始迷失自我时，我就面临着这种选择：是继续这份我不喜欢的工作，还是在同行业中找一份别的工作？然而，这两个都不是我想要的。

后来，我更没有什么选择了，我被裁员了。事情开始慢慢变得明朗起来，我又重新开始唱歌。每当我喝醉了，就会在酒吧唱起我作的《花园小精灵》，这就是我的音乐职业。但是，我一直在为家人写歌，无论是他们的婚礼，还是受戒礼。我在家人面前很矜持，但是在陌生人面前就无拘无束。我姐姐50岁生日时，我给她写了一首歌，并在生日会上演唱，也就是说我在朋友们面前唱了这首歌，他们非常喜欢这首歌。后来有一天晚上，我去一个开放的卡拉OK，我喝醉了，又打算唱《花园小精灵》。这时，有人说："你何不唱唱你写你姐姐的那首歌呢？"当我失业时，我记得我花了很多时间去销毁自己收集到的唱片。此刻，我想看看自己究竟能不能在音乐道路上走得更远。

妻子建议我去读一个音乐方面的学位，而不是去上一些音乐制作的夜间培训课。我们住在伦敦南部30多公里的地方，当地有一个"当代音乐学院"，被誉为全欧洲最好的摇滚学院。我带着14岁女儿的鼓励，去那个学校转了一圈。去看的时候，我发现学校里还有一个商学院。这一切看似是一个小概率事件，可我偏偏就有这样的运气。

因为工作已经丢了，所以马克全身心投入学校的学习之中。马克发现了他在职业生涯中从未体验过的热情。在这个人生节点上，马克面临着巨大的挑战，就像要吃下一头大象一样，但是因为他在做对自己最重要的事情，所以充满了动力、决心和必胜的信心。他完全依靠妻子的资助入了学，这非常重要，因为靠贷款生活与以前拿着销售员工资的生活比起来，实在艰难很多。最后，马克获得了音乐创作和音乐产业管理的学位。他的学位论文给未来指明了最清晰的方向。

> 我的学位论文的主题就是，创造力和对自己实现目标的信心为什么会在小学生中最常见，但却随着年纪增长慢慢消褪了。下一个能将你的爱好变成全职工作的机会就是退休后了。我不知道为什么会这样。如果你看一看那些排着长队去参加《英国偶像》和《英国达人秀》节目的人，就知道其实人们多么希望找到自己的目标啊。

这件事情启发马克成立了“天籁音乐公司”（Good Gracious Music），以帮助人们完成他们唱歌发行专辑的梦想。

> 我创办这家公司，就是要鼓励那些不指望成为超级摇滚巨星的人，让他们享受音乐创作、发行专辑，尤其是在当今这个推崇自媒体的互联网时代。我的公司正在寻找一些小时候曾经玩过乐队，且30岁以上的人，让他们回到音乐工作室，重新开始创作。

在年轻时，马克并没有想过要去做音乐方面的生意。那时，他对他人的责任感压倒了自己内心对热爱之物的渴望。面对失业，面对安全网的消失，他觉得“吃大象”的时刻到来了。他的妻子也展现了能顺利打点一切的理财头脑，他还从所有家里人那里获得了支持，包括他的父亲，这个马克曾经为了极力讨好他，而放弃了音乐的人。

在那位老师剥夺了马克获得冠军的机会很多年后，马克终于能以自己最爱的音乐为生了。“天籁音乐”也进入了它发展的第4个年头，而且不断壮大。但是，但凡马克之前的工作能稍微顺利一点点，他或许就不会选择自己本来应该做的这件事情了。

我觉得，马克的例子对我们所有人来说都是一种启发。无论你目前从事什么，只要你转向追求你所热爱的东西时，都会存在风险。没有什么事业是没有风险的。人们常将那些能保证一辈子生活的工作叫作“铁饭碗”，但实际上它们是否真的存在，尤其是在全球经济都不稳定的今时今日？

而且，我常常听到一些和马克类似的人生故事，他们也突然发现自己“稳定的”工作不见了，只能在拮据中生活，慢慢摸索出一条必须有所突破，且对自己而言非常重要的全新道路。

我不是要让你放弃安全感，但如果你感觉到自己的下一步能比现在更加让你满意，那么或许你可以考虑试着跳跃一次，相信一定会有能接到你的“安全网”。这有点儿像“把每天都当作人生最后一天来活”的哲学。当然，这个说法本身是荒诞的。如果我总是把每天当作最后一天来活的话，按照我的生活理念，这样只会让我更快地接近死亡。即便如此，你的需要还是会为你带来一些意想不到的创造力。它可以给你所需要的推力,不仅会提出“接下来是什么”的问题，而且会提供问题的答案。

可塑的人生

在第2章里，我解释了人类和地球上其他生物的不同之处。但是，还有一点可能是你没有想到的：在所有哺乳动物中，人类孤独地来到这个世界上，根本没有准备好应对这种孤独。小马驹在生下来几个小时后就可以用皮包骨的马腿站立并飞奔；小狗几乎从出生的那一刻起，就在一心一意地啃家具。但是，刚生下来的婴儿根本没法做任何事情。我们好奇地盯着这些小孩子，但这无疑只是一种单向交流。最重要的是，新生儿如果没有成人照顾最多也只能活几天。

“在很多方面，刚出生的孩子都只能算作一个胚胎，而不是婴儿。”哈韦·卡普博士（Dr.Harey Karp）在他的《卡普新生儿安抚法》（*The Happiest Baby on the Block*）书里这么说。“如果你能多怀孕3个月，孩子生下来就会微笑、发一两个音和运动了。”

身为医生的卡普博士当然知道，晚生3个月从生理上来说是根本不可能的。但是，他坚信所有的婴儿，尤其是那些患有疝气的婴儿，都能通过尽量模仿子宫环境的“怀孕第4阶段”而变得更好。为了帮助婴儿适应从子宫到外部环境的转变，他建议用5个步骤来进行“安抚反射”（calming reflex），分别是包裹、侧躺、摇摆、嘘声、吮吸。成百上千万的父母接纳了卡普博士的建议，用这种方法让婴儿顺利地成长，以及获得了自己的成长。①

“怀孕第4阶段”的概念其实是对人生发展的一种理想化比喻。就像婴儿脱离子宫出生时没有“完全成熟”一样，我们所有人终其一生也可能没有完全成熟或进化，虽然生理上我们已经完全发育。无论你觉得自己目前处于什么样的成熟阶段，你还是有机会的：最好、最有价值的工作尚待完成。

想想甘地的例子。当他还是一位律师时，他已经坚持了多年的非暴力不

①《卡普新生儿安抚法》针对的是0~1岁的宝宝，书中指出，父母可以通过5S法：包裹（Swaddle）、侧躺（Side）、摇摆（Swing）、嘘声（Shushing）、吮吸（Sucking）来安抚哭闹的宝宝。该书中文简体字版已由湛庐文化策划，浙江人民出版社出版。——编者注

合作运动。但是，直到他 61 岁的时候才在印度和世界各地产生真正的影响力，从而形成了一支抵制英国对印度政策的长达近 400 千米的游行队伍。

再比如弗兰克·迈考特（Frank McCourt）。几十年来，他都是一位桃李满天下的老师。直到他年过六旬之后，才因畅销书《安琪拉的灰烬》（*Angela's Ashes*）而举世闻名。

“公民创投”（Civic Ventures）是“关于婴儿潮一代就业和社会目标的智囊团”。那些已经有多年职场经验的人当然做出了更多贡献，但是“公民创投”发起了一系列项目来证明“解决各种社会问题的经验的价值”。他们通过 encorg.org 网站整合各种资源、与访客互动，并收集一些具有启发性的百姓故事。一所大学还为婴儿潮一代的人提供职业再培训。而且，还创设了一些奖学金，奖励那些到社会性组织中进行短期服务的资深专业人士。

“公民创投”最重要的项目之一，就是“人生宗旨奖”（Purpose Prize），这个奖项每年设立 5 位获奖人，奖金 10 万美元，以鼓励那些“改变世界”的年过六旬的老人。2011 年的一位获奖人是兰德尔·查尔顿（Randal Charlton）。无论从哪个角度来看，他忠于自己灵魂的精神都无愧于这一荣誉。他曾经是一位科学记者，还曾经为沙特阿拉伯的一位酋长养过奶牛，开过爵士酒吧，还成立了几家公司，其中一家公司还非常成功地进行了 IPO 上市。自此，查尔顿退休了。但是，后来他发现退休生活实在是太无聊了。“我还没有准备好去打高尔夫球，”他说，“我还没有活够，我觉得自己还需要一个目标。”

查尔顿没有选择安静的业余爱好作为目标，而是选择了去拜访底特律韦恩州立大学的校长，去问问他是不是能为这所大学帮上什么忙。结果，校长意识到查尔顿这种具有丰富技能的人正好能大大惠及学校。很快，查尔顿就变成了科技城（TechTown）的执行董事，这是一家位于底特律市中心的企业孵化器，致力于扭转该市衰败的市场经济。查尔顿说，尽管自己拥有很多企业经验，但很怕自己的资质不够。“没关系，”校长对他说，“你可以学嘛。”查尔顿不仅学会了，而且学得很好，在此过程中他还产生了很多灵感。

> 这可能是我人生中最有价值的一份工作。我在自己的整个职业生涯中犯过很多错误，就像其他人一样。将我自己的失败教训传授给那些年轻的创业家们，这是一件非常有趣也非常有价值的工作。最重要的是，我在底特律，一直与它的经济盛衰共命运。在这个城市里，每家新公司的成立都像赢得了“超级碗”比赛一样荣耀。这给人极大的成就感。

> 底特律的失业率达20%，还有更大比例的不充分就业以及种族问题，更严重的是濒临崩溃的汽车工业。要营造底特律更强大的企业精神，科技城所要做的事情就是坚守底特律，与之共存亡。

查尔顿接手的科技城人手严重不足，资源更加匮乏。不过到现在，科技城已经有了250个租户，培养出了成千上万的企业家，并帮助他们的客户筹到了1 400万美元资金。科技城在底特律的经济复苏中担任了非常重要的角色，并且成了后来其他企业孵化器的榜样。

> 我觉得自己在职业生涯的后期迎接这样的挑战非常值得。一旦你对某项工作感觉到太舒服，就要小心了，因为你可能正处于惯性滑行阶段，没有发挥出自己生理和心理上的最大优势。

以上所有案例都表明，**你的人生不一定要一条道走到黑，你也不会只拥有一种天赋**。有些人会同时喜欢几件事情，而有些人的爱好则会随着时间而变化。现在，天赋不再意味着你被它终身禁锢。你的人生应该是多元化的、不断发展的，应该是一个充满成长、充满各种可能性的过程。

FINDING YOUR ELEMENT 左思右想

请思考以下问题：

- 你想体验哪些之前没有体验过的事情？
- 有没有什么事情是你过去很喜欢，现在希望再尝试一次的？
- 是什么原因让你中断了呢？
- 如果不会失败的话，你最想达到什么目的？
- 你如何适应经济状况的变化？
- 如果在必须求助的情况下，你会找谁？
- 接下来你会做什么？

How to Discover Your Talents and Passions and Transform Your Life

让我们过有热情、有目标的生活吧！

我曾在本书的开头问过这样一个问题："地球上到底生活过多少人？"我也说过，有人估算大概是 800 亿～ 1 000 亿人。即便如此，我们每个人都是独一无二的。人类天生就拥有深刻的创造力优势，我们可以凭借这种优势根据自己的选择不断改造生命。无论你有没有想过要改变整个世界和自己的内心世界，你的想象力和你当下的处境都会对它产生积极或消极的影响。所有人都是如此。

可能你还未启程追求自己的人生，但是生命旅程的本质从人类诞生的那一刻起就产生了。古往今来的作家和哲学家们都在研究这种天性，而这种天性正是人类发展成就的伟大神话和历史的核心。定义这样的天性是约瑟夫·坎贝尔《英雄之旅》[①]一书的主旨：**一个伟大的生命就是一段接一段的英雄之旅。**你会不断地被召唤到一次次的冒险中，你的视野也一次次地变得更广阔。每一次，你都会问出一个相同的问题："我敢吗？"如果你敢，危险在前面的道路上，帮助也在，你会大

① 本书中文简体字版已由湛庐文化策划，浙江人民出版社出版。——编者注

获全胜或者一败涂地。每个人都会有失败的可能，也可能收获天赐之福。

所有的探索都有风险，你无法预知所有；当然，所有的探索也都会有机遇，你也无法悉数了解。你只能选择一个方向，然后踏出自己的第一步，继而接纳所有的风险和机遇，并积极地进行回应。这就是创造性的过程，也正是有机体的形成过程。马丁·路德·金就曾经写道："请迈出你实实在在的第一步。你不需要看到整个楼梯，只需要迈出第一步。"

尽管你无法预知未来，但还是需要有所前瞻。你认为自己的生命旅程会有多长？幸运的是，我们通常都不知道答案。如果一切顺利的话，你应该会活到八九十岁，或者上百岁。如果你现在就已经觉得生活无聊透顶的话，那你还要痛苦地忍受很长一段时间。但是对整个宇宙来说，你的生命不过是沧海一粟。那么，你是希望享受生活，还是忍受生活？有些人非常讨厌变老，当然变老后肯定会面临很多挑战。女演员贝蒂·戴维斯(Bette Davis)说过："衰老属于强者。"即便如此，我们还是要记住这样一句古老谚语："不要哀叹衰老，只有在它面前，众生才会平等。"事实确实如此。

有些人曾说，如果你翻看任何一个人的生命日历就会发现，最重要的部分其实是急匆匆的中年。他们是如何度过中年岁月的呢？也许你也这样问过自己。你可以从那些接近人生终点，或对此有所感悟的人那里学到一些重要经验。

布朗尼·维尔（Bronnie Ware）是一位曾经做过多年临终关怀的作家。她的病人承受着无法治愈的疾病，也知道自己即将死亡。她在他们生命的最后3～12个星期里照顾他们。她说，人之将死，会成长很多。

我从中认识到，我们不能低估任何一个人的成长力量。有一些变化是非常惊人的。他们每个人都会经历一系列的复杂情绪，往往是从否认、恐惧、愤怒、自责，到再次否认，直至最终的接受现实。每个人最终都会平静地离世。每个人都是如此。

当维尔问那些临终病人，他们人生里是否有什么遗憾，如果人生可以重来他们想要改变些什么时，他们的回答出奇地相似。

FINDING YOUR ELEMENT

“我希望我当初有勇气去过自己想过的生活，而不是他人希望我过的生活。”

这是最多人表达的遗憾。当人们意识到他们的生命即将结束，而回顾一生时，他们常常会思考自己究竟还有多少梦想没有实现。“大多数人的梦想甚至还没有实现一半，就不得不带着遗憾离开了。较之于那些做过的事情，没有做过的事情更让人后悔。”

“我希望自己不要那么拼命工作。”

维尔照顾的每一个男性病人都这么说过。他们错过了孩子们的青春期，也很少陪伴自己的爱人。女人也会有这种遗憾。在比较老的那一代人那里，很多女人一辈子都是全职主妇。“所有男人都非常后悔花了太多时间在机械式的工作上。”

“我希望能勇敢表达自我。”

为了与其他人和平共处，很多人压抑了自己的真实感受，结果，他们过上了自己并不想过的生活，也无法成为真正的自己。“很多人甚至患上了与长期痛苦和怨恨有关的疾病。”

“我希望一直和朋友们保持联系。”

很多人直到临终前几个星期才意识到老朋友的珍贵，但是他们已经无法再与之取得联系了。很多人过于沉浸在自己的生活里，而在逐渐成长的过程中丢失了最珍贵的友谊。“很多人十分后悔没有对朋友们付出应有的时间和精力。所有人在临终时都会想念老朋友。”

“我希望我能让自己更快乐。”

很多人直到临终才意识到：快乐是一种选择。他们身陷那些旧的思维模式和习惯中无法自拔。“熟悉感带来的所谓‘舒服’，已经扩散到了他们的情绪和生活中。对改变的恐惧迫使他们伪装成很满足的样子，不仅欺骗别人，也欺骗自己。其实，在他们内心深处，他们很想大声地笑出来，哪怕犯傻又如何呢！”

布朗尼·维尔从临终病人身上学到的东西，对于尚在人世的人来说，都是简单却非常重要的一课。

尊重梦想

尝试并尊重自己的梦想非常重要，哪怕是一部分的梦想。抓住追梦的机会，尤其是在你身体健康时。很多人忽略了健康带给人的自由，直到他们不再拥有它的那一天。

减少负担，精简生活

简化你的生活方式，做忠于自己的选择。这样才能减轻你强加给自己的负担，实现人生价值。**给生命留一些时间和空间，你会变得更开心，也会拥有更多机会。**

尊重自己的人生与感受

你无法控制他人的反应。尽管在你诚实地说出自己的感受时，人们一开始总会不高兴。但是久而久之，它会带来更高的境界和更加健康的人际关系，或是能从你的生命中去掉那些本身就不那么健康的关系。无论如何，尊重自己的感受总是好的。

珍惜你所爱的人

当人们逐渐衰老时，他们总是希望拥有更多财富，通常是为了他们所爱的人。然而，金钱或社会地位都不是真正重要的东西，爱才是最重要的。永远都是这样。

人生就像在大海上航行，你可以留恋最近的海岸，也可以扬帆去探索更远的海域。马克·吐温也曾这样比喻过。他在反思了自己的人生和成就之后建议道："从现在起的20年内，你都会为自己没做过的那些事情感到后悔，而不是那些你做过的。所以，解开你的绳索，扬起你的船帆，从安全的港湾启航，乘风破浪去吧！探索！梦想！发现！"

在某种程度上，我们会被自己的人生经历和所处的文化环境所塑造，所以不难用"从前"推测"以后"。美国诗人拉尔夫·沃尔多·爱默生却有着不同的见解。"我们的过去，"他写道，"和未来，都远比不上我们的内在。"

发现天赋正是一个探索内在的过程，这样我们才能改变自己的未来。有一首常被认为是阿娜伊斯·宁的诗作《冒险》(*Risk*)，用生动的比喻对比了压抑潜能的风险和释放天赋的益处：

终有一天，
冒险
死守含苞，
比冒险
拼命怒放
痛苦得多。

与自然界一样，人类蕴涵了极其丰富的天资和热情，它们的实现形式是多种多样的。对每一个个体来说，我们都会怀有不同的梦想，在截然不同的环境里盛放或凋零。**认同自己的梦想并努力营造环境让它变成现实，对我们发现最好的自己至关重要。发现自己的天赋虽不能保证你人生的每时每刻都欢天喜地，但是它会为你带来更加深刻的自我认识，让你更加明白自己应该过什么样的生活。**

FINDING
YOUR
ELEMENT

译者后记

感谢湛庐文化的简学老师对我的信任，让我翻译罗宾逊先生的这本畅销书。

翻译这本书的过程，于我而言，也正是我发现自己的过程，从这个意义上来说，我是这本书的有效读者。翻译期间正值我摔断腿在家休养。溽暑之中，伴随病痛期独有的审慎与孤绝，我借这本书的翻译也进行了深刻的自我剖析，试图在“复出”大千世界之前，寻求到内心的平和，找到自己的准确位置。

打开这本书，大家的最初印象可能会和我一样：这不就是市面上流行的心灵鸡汤嘛。但是，在我跟进翻译，也跟随书中的指导尝试自我发掘的过程中，我最深的切身感悟是：了解自己并不是一件简单的事。准确地说，是一件非常难的事情，绝不是心灵鸡汤可以解决的问题。

在自己方寸地之外，我们常常会将世俗意义上的成功混同为发现了自己的天赋。但是在罗宾逊先生的系统里，找到自己的天赋不光是所谓的成就，更是乐于其中的幸福状态。值得高兴的是，幸福不是虚无缥缈的东西，而是一种能力，可以自我创造，这种乐观的基调，大概是本书中最为“心灵鸡汤”的内核。

值得注意的是，罗宾逊先生在这本书中的态度非常开放而谨慎，他展示了独有的洞察力和正能量，也提供了更多相关的知识平台，供大家进一步去探索和批判。这本书不是唯我独尊的知识传销，而是理性地看到了哲学、心理学和其他学科在这个问题中的边界和交互。这种谨慎的态度也是我非常赞赏的。

为了了解作者，我也看了罗宾逊先生的 TED 演讲，他关于教育的演讲一直在强调：不以标准化的测试为教育目的，尊重每个孩子多样性的天赋，并创造出能激发孩子创造力的教育环境，这些都是他在本书中秉承的核心理念。发现和尊重自己的天赋，让自己乐于其中，不仅是小学课堂的任务，也是我们每个人一生的课题。

能完成这本书的翻译，我首先要感谢在我休养期间悉心照顾我的妈妈，让我可以忽略病痛静心翻译；还有一直致力于规范我语言使用习惯的老爸，悉心帮我纠正译稿中的语法错误，父亲是我初中时候的语文老师，而我是他最引以为傲的学生之一。

感谢在翻译过程中被我“骚扰”请教的朋友，没有和他们的讨论，我对自己乃至对这本书的理解都不会更加深入：师妹佟琳和我算是讨论问题最多的忘年之交，从她身上，我感觉到自己依然年轻、依然热泪盈眶的理想主义；在大多数讨论中，丽莎都会赞同我的观点，但她也给了我颇多灵感，赞同有时是出于对我自尊心的贴心照顾；庆华是我研究生的室友，学贯理工，在人生哲学方面也是难得的通透，这本书里的某些理念也印证了她过去对我的某些规劝；还有定期远程交流的熊璇，我们的谈话内容往往就跟这本书里分享的一样，我们总认为习得案例的经验再加上自己的体悟和行动才是我们选择的人生。我还想将这本书送给谢丽同学，以此向她解释我的人生态度，让她看到个体力量与现实较量获胜的可能性。

另外，我还要感谢引领我入西方哲学之门的苏老师和心理学专业的侯老师，他们严厉而又循循的言传身教，让我勉强能理解罗宾逊先生在书里谈及的概念和理念，并不忘保留自己的独立思考和判断。

最后，我想推荐这本书，在这个抬头便随处可见“鼠标手”和“拇指族”的互联网时代，我们已经花费太多时间在虚拟空间中和他人相处。放下鼠标和手机吧，找个只有自己的时空，一页一页地去翻读这本书，花点时间跟自己相处，体验思考的宁静平和，将焦虑卸下。

恳请大家指正。并祝大家幸福!

未来，属于终身学习者

我这辈子遇到的聪明人（来自各行各业的聪明人）没有不每天阅读的——没有，一个都没有。巴菲特读书之多，我读书之多，可能会让你感到吃惊。孩子们都笑话我。他们觉得我是一本长了两条腿的书。

——查理·芒格

互联网改变了信息连接的方式；指数型技术在迅速颠覆着现有的商业世界；人工智能已经开始抢占人类的工作岗位……

未来，到底需要什么样的人才？

改变命运唯一的策略是你要变成终身学习者。未来世界将不再需要单一的技能型人才，而是需要具备完善的知识结构、极强逻辑思考力和高感知力的复合型人才。优秀的人往往通过阅读建立足够强大的抽象思维能力，获得异于众人的思考和整合能力。未来，将属于终身学习者！而阅读必定和终身学习形影不离。

很多人读书，追求的是干货，寻求的是立刻行之有效的解决方案。其实这是一种留在舒适区的阅读方法。在这个充满不确定性的年代，答案不会简单地出现在书里，因为生活根本就没有标准确切的答案，你也不能期望过去的经验能解决未来的问题。

而真正的阅读，应该在书中与智者同行思考，借他们的视角看到世界的多元性，提出比答案更重要的好问题，在不确定的时代中领先起跑。

湛庐阅读 App：与最聪明的人共同进化

有人常常把成本支出的焦点放在书价上，把读完一本书当作阅读的终结。其实不然。

时间是读者付出的最大阅读成本

怎么读是读者面临的最大阅读障碍

“读书破万卷”不仅仅在“万”，更重要的是在“破”！

现在，我们构建了全新的“湛庐阅读”App。它将成为你“破万卷”的新居所。在这里：

- 不用考虑读什么，你可以便捷找到纸书、电子书、有声书和各种声音产品；
- 你可以学会怎么读，你将发现集泛读、通读、精读于一体的阅读解决方案；
- 你会与作者、译者、专家、推荐人和阅读教练相遇，他们是优质思想的发源地；
- 你会与优秀的读者和终身学习者为伍，他们对阅读和学习有着持久的热情和源源不绝的内驱力。

下载湛庐阅读 App，
坚持亲自阅读，
有声书、电子书、阅读服务，
一站获得。

湛庐阅读App

思想者的
声音图书馆

倡导亲自阅读

> 不逐高效，提倡大家亲自阅读，通过独立思考领悟一本书的妙趣，把思想变为己有。

阅读体验一站满足

> 不只是提供纸质书、电子书、有声书，更为读者打造了满足泛读、通读、精读需求的全方位阅读服务产品——讲书、课程、精读班等。

以阅读之名汇聪明人之力

> 第一类是作者，他们是思想的发源地；第二类是译者、专家、推荐人和教练，他们是思想的代言人和诠释者；第三类是读者和学习者，他们对阅读和学习有着持久的热情和源源不绝的内驱力。

图书在版编目（CIP）数据

发现天赋的15个训练方法/（英）罗宾逊，（美）阿罗尼卡著；李慧中译.—杭州：浙江人民出版社，2017.8（2023.11）

ISBN 978-7-213-08125-5

Ⅰ.①发… Ⅱ.①罗… ②阿… ③李… Ⅲ.①能力培养－通俗读物 Ⅳ.①B848.2-49

中国版本图书馆 CIP 数据核字（2017）第 155210 号

浙江省版权局
著作权合同登记章
图字:11-2014-230 号

上架指导：教育改革/教育创新

发现天赋的15个训练方法
［英］肯·罗宾逊［美］卢·阿罗尼卡　著
李慧中　译

出版发行： 浙江人民出版社（杭州体育场路347号　邮编　310006）
市场部电话：（0571）85061682　85176516
集团网址： 浙江出版联合集团　http://www.zjcb.com
责任编辑： 蔡玲平
责任校对： 姚建国
印　　刷： 泰安易捷数字印刷有限公司
开　　本： 720mm ×965mm 1/16　　**印　　张：** 16
字　　数： 205千字　　**插　　页：** 3
版　　次： 2017年8月第1版　　**印　　次：** 2023年11月第9次印刷
书　　号： ISBN 978-7-213-08125-5
定　　价： 59.90元

如发现印装质量问题，影响阅读，请与市场部联系调换。